计算机病毒传播动力学模型研究

甘臣权　祝清意　著

科学出版社

北京

内 容 简 介

本书是一部论述计算机病毒网络传播动力学的专著,从全互联网络到复杂网络再到任意网络进行全方位探究。全书共6章,第1章、第2章为基础理论,详细介绍本书研究背景与数理知识;第3章从反病毒策略出发提出一类具有反制措施的 SICS（susceptible-infected-countermeasure-susceptible）模型;第4章提出两类具有感染率和接种率的 SIRS（susceptible-infected-recovered-susceptible）模型,研究一般非线性感染率和接种率对计算机病毒传播的影响;第5章提出了两类具有移动存储介质感染率的传播模型,探究移动存储介质对计算机病毒传播的影响;第6章从网络动态性出发研究三类具有外部仓室的 SIES（susceptible-infected-external-susceptible）模型。

本书可供从事计算机病毒方向的科研人员参考使用,也可作为高等院校数学、计算机等相关专业学生的参考书。

图书在版编目 (CIP) 数据

计算机病毒传播动力学模型研究 / 甘臣权,祝清意著. —北京:科学出版社,2023.3
ISBN 978-7-03-070403-0

Ⅰ. ①计⋯ Ⅱ. ①甘⋯ ②祝⋯ Ⅲ. ①计算机病毒—网络传播—研究 Ⅳ. ①TP309.5

中国版本图书馆 CIP 数据核字（2021）第 222344 号

责任编辑:叶苏苏 霍明亮 / 责任校对:王萌萌
责任印制:罗 科 / 封面设计:义和文创

科学出版社 出版
北京东黄城根北街 16 号
邮政编码: 100717
http://www.sciencep.com

成都锦瑞印刷有限责任公司 印刷
科学出版社发行 各地新华书店经销

*

2023 年 3 月第 一 版 开本: B5 (720 × 1000)
2023 年 3 月第一次印刷 印张: 7 1/2
字数: 156 000

定价: 129.00 元
（如有印装质量问题,我社负责调换）

前　　言

在过去几十年里，人们亲眼见证了互联网和无线网络的迅速普及。然而，网络是计算机病毒传播的主要载体，网络的快速发展也极大地提高了计算机病毒的传播能力。计算机病毒具有破坏性、多态性和不可预测性等显著特点，已成为现代信息社会重要威胁之一。随着计算机技术和通信技术的快速发展，计算机病毒程序变得越来越高端，其结构变得越来越复杂，以至于相应的杀毒软件开发周期变得越来越长，开发成本越来越高。更不幸的是，传统的一些计算机病毒防护措施，从防火墙到杀毒软件等都不能有效地控制计算机病毒在互联网上的快速传播。基于计算机病毒传播过程的动力学建模却是理解计算机病毒传播行为的一种很有效的方式，在此基础之上，人们可以提出一些有效的保护措施来避免受到计算机病毒的侵蚀。

本书旨在基于计算机病毒传播机制建立合理的动力系统模型，从理论和实验上分析所提模型的全局动力学性质，进而根据取得的研究成果制定一些行之有效的措施来抑制计算机病毒的传播。

首先，如警告信号等一系列反制措施能够和病毒同时在计算机网络上传播，具有反制措施的计算机能够对病毒免疫，也能够促使其他与之接触的中毒计算机解毒。基于此，本书研究反制措施竞争策略对计算机病毒传播的影响，提出 SICS 模型。本书确定模型的两个无毒平衡点和两个有毒平衡点，分别给出四个平衡点的全局稳定性条件并给予证明，同时给出仿真示例。理论结果和仿真示例都显示反制措施对抑制病毒的传播具有重要作用。

其次，接种措施对预防和控制计算机病毒的传播具有举足轻重的作用，在实际应用中具有重要价值。为了研究计算机接种对计算机病毒在网络上传播的影响，本书研究两类具有接种率和感染率的 SIRS 模型。①对一类具有线性感染率和线性接种率的 SIRS 模型进行研究，得到线性接种对计算机病毒传播影响的一些结论。②在此基础上，充分地结合实际，研究一类具有一般非线性感染率和一般非线性接种率的 SIRS 模型。

然后，考虑到移动存储介质是除计算机网络外病毒传播最重要的一条途径，本书提出一个基于外部有毒计算机和有毒移动存储介质影响的 SIRS 模型。从理论和实验上都表明 SIRS 模型只有唯一的平衡点，且该平衡点具有全局渐近稳定性，也给出一个关于如何控制计算机病毒传播的结论。同时，本书研究一个基于外部有毒计算机和杀毒软件影响的 SLBRS（susceptible-latent-breaking-recovered-susceptible）模型，并进行理论分析。SLBRS 模型的唯一平衡点是全局渐近稳定的。一些数值实验不仅验证了该结论，还显示了外部有毒计算机和杀毒软件对计算机病毒传播的影响。

最后，考虑到网络结构与外部计算机对计算机病毒传播的影响，本书研究三类具有外部仓室的 SIES（susceptible-infected-external-susceptible）模型。①建立一个基于全互联网络的同构 SIES 模型，该模型的定性分析表明唯一的平衡点是全局渐近稳定的。通过采取有效的措施，受感染的计算机数量是可以低于可接受阈值的。②基于该同构模型，提出一个基于网络拓扑结构对计算机病毒传播影响的异构 SIES 模型，该模型只具有一个平衡点，且平衡点是全局渐近吸引的，该结论通过数值实验进行验证。理论和实验结果表明节点度数高的计算机比节点度数低的计算机更容易感染计算机病毒。③进一步地，在前面两个模型基础上，考虑到很多网络结构的不定性，提出基于任意网络的 SIES 模型。理论与实验结果表明计算机病毒消失或持续存在取决于网络最大特征值。针对上述结论，本书推荐一些关于计算机病毒控制的有效措施。

本书由甘臣权、祝清意撰写，其中，第 1、2、5、6 章由甘臣权撰写，

第 3、4 章由祝清意撰写。本书撰写过程中，重庆邮电大学通信与信息工程学院硕士研究生刘安棋做了大量辅助性工作。此外，本书的出版还得到重庆邮电大学通信与信息工程学院、重庆大学计算机学院的大力支持，在此一并表示衷心的感谢。

限于本书作者学识水平，书中不足之处在所难免，恳请读者批评指正。

作　者

2022 年 9 月

目　　录

第1章 绪　　论

1.1　研究背景与意义

1946 年，第一台电子数字计算机——ENIAC（图 1.1）在美国宾夕法尼亚大学莫尔电工学院的实验室里诞生。这标志着人类开始步入信息时代。1968 年，互联网在美国诞生，并于次年被正式投入运行（图 1.2）。自此计算机之间可以通过网络进行相互通信。从此，计算机在人类生活工作中扮演着越来越重要的角色。它极大地促进了人类社会的进步，改善了人们的日常生活工作环境。现如今人类生活中方方面面都早已离不开计算机。计算机也被视作 20 世纪人类最伟大的发明之一。

图 1.1　第一台电子数字计算机（ENIAC）

图像参考自 https://www.163.com/dy/article/D61TCOCS0514LRJT.html

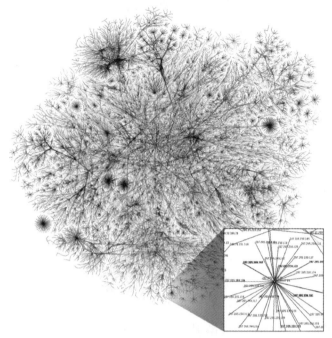

图 1.2   互联网部分路由路径可视化

图像参考自 https://zhuanlan.zhihu.com/p/139646602

然而，凡事有利必有弊，随着时间的车轮不断向前滚动，到 1986 年，世界上出现了首例公认的计算机病毒——Brain 病毒（图 1.3）。Brain 病毒是

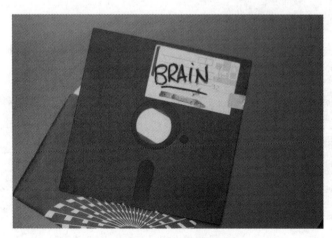

图 1.3   Brain 病毒

图像参考自 https://www.moomoo.com/news/post/5220019?level=1&data_ticket=1678173724193700

由巴基斯坦的 Basit 和 Amjad 为了抵抗他人盗用其公司软件的盗版行为而开发的。这种病毒只能依靠软盘来充当传播的媒介，并且只有他们开发的软件在被非法复制时才会被触发，产生的后果就是把非法复制者计算机的硬盘空间全部强行占用。由此可见，这种病毒造成的危害并不是十分严重，但所产生的影响却非常深刻和深远。

果不其然，随着计算机技术、网络技术及通信技术的不断发展，计算机病毒也不断进化。计算机病毒的种类更多、隐蔽性更强、智能化更高和传播途径更多元化。更重要的是，计算机病毒对人类社会造成的危害也日益严重，不仅让人类社会蒙受了巨大的经济损失（表 1.1），还极大地伤害了人类的身心健康[1, 2]。尤其在最近这些年，由于云计算技术、物联网技术和移动通信技术的飞速发展，移动智能终端得到了快速的普及，计算机病毒对人类的威胁势必也会随之增加，甚至可能剥夺人的生命。例如，2010 年 8 月，伊朗的布什尔核电站受到了一种名叫震网（Stuxnet）的计算机病毒的攻击，造成 1/5 的离心机报废，以及放射性物质的严重泄漏（图 1.4）。对于该事件，有人甚至直言其危害不亚于切尔诺贝利核电站事故。此外，国家计算机病毒应急处理中心最新发布的 2013 年全国信息网络安全状况与计算机和移动终端病毒疫情调查结果显示：我国计算机用户发生过信息网络安全事件的比例较上一年上升 17.9%，感染病毒、木马仍然是用户面临的最主要威胁[3]（图 1.5）。

表 1.1　计算机病毒造成的经济损失表

计算机病毒名称	经济损失/美元
莫里斯蠕虫	9600 万
CIH	5 亿
梅利莎（Melissa）	3 亿～6 亿
ILOVEYOU	100 亿
红色代码（CodeRed）	20 亿
Nimda	26 亿
巨无霸（Sobig）	50 亿～100 亿

续表

计算机病毒名称	经济损失/美元
MyDoom	约为 100 亿
震荡波（Sasser）	5 亿～10 亿
熊猫烧香（Nimaya）	上亿
网游大盗	约千万
扫荡波	50 亿～100 亿

图 1.4　震网

图像参考自 https://qianp.com/knowledge/25702.html

图 1.5　国家计算机病毒应急处理中心发布的 2013 年全国信息网络安全状况与计算机和
移动终端病毒疫情调查报告

国家计算机病毒应急处理中心发布的2014年全国信息网络安全状况与计算机和移动终端病毒疫情调查分析报告中公布了历年来计算机病毒感染率曲线图（图1.6）。从图1.6中我们可以很容易看出历年来计算机病毒的感染率都比较高，而且2012~2014年计算机病毒感染率呈现上升的趋势。表1.2给出了著名的杀毒软件公司卡巴斯基关于计算机病毒发布的报道。从表1.2中明显地可以看出计算机病毒的数量急剧上升，对网络安全具有严重的潜在威胁。

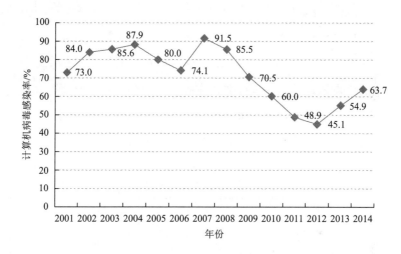

图 1.6 历年计算机病毒感染比例曲线图

表 1.2 卡巴斯基报道

年份	检测病毒/(个/h)
1994	1
2006	60
2011	3600
2014	83333

可见，计算机病毒传播能力强、数量多、危害大，俨然成为当今信息社会的重要威胁之一。随着云技术、物联网技术及移动通信技术的快速发展，

大量的移动智能终端得到快速普及，计算机病毒对人类的威胁越来越严重。于是，如何控制计算机病毒的传播成为许多学者与公司研究的一个十分重要和有意义的课题。

计算机病毒（computer virus）是指编制或者在计算机程序中插入的破坏计算机功能或者毁坏数据，影响计算机使用，并能自我复制的一组计算机指令或者程序代码[4-14]。目前，控制计算机病毒传播的研究主要分为微观研究和宏观研究[15-17]。微观研究是指通过分析计算机病毒的程序结构特征和行为模式来检测与清除病毒。实际生活中常用的有杀毒软件和防火墙（表1.3），是目前查杀计算机病毒最主要、最直接、最行之有效的方法。

但是，从表1.3中我们不难看出微观研究也具有其自身的局限性，尤其是新版本的杀毒软件、新补丁等总是在新病毒出现之后才会诞生，这说明微观研究方面是具有滞后性的。事实上，微观研究不仅不能预测计算机病毒传播的长期行为，还不能有效地遏制计算机病毒在网络上的快速传播[18]。

表1.3 微观方法

方式	原理	优点	缺点
杀毒软件	针对新型病毒的特征码及行为模式，检测和清除病毒	能够有效地查杀单台机器上的病毒	开发工作具有滞后性，不能有效地防范病毒通过网络快速扩散
防火墙	按照制定规则分析数据包，控制进出网关的流量	能够适当地降低病毒传播的风险	未考虑网络结构对病毒传播的影响，不能从根本上遏制病毒的蔓延

为了弥补上述微观研究方面的不足，受到传统生物流行病动力学仓室模型研究方法的启发[19-23]，计算机病毒传播动力学（computer virus propagation dynamics）研究便应运而生[15]。其基本思想（图1.7）是把网络中的计算机按照不同状态划分成不同的仓室，结合生活实际和计算机病毒传播的特点做出一些合理的基本假设，然后基于假设建立相应的数学模型，并对模型进行数学理论分析和仿真实验分析，最后根据分析理论和仿真实验的结果

给出相应的计算机病毒控制的方法与一些具体的控制措施。由于从数学模型的理论分析可以揭示出计算机病毒传播的长期演化行为，故也称计算机病毒传播动力学研究为宏观研究。宏观研究虽不能像微观研究那样能直接查杀计算机病毒，但它具有重要的作用和意义。宏观研究不仅能弥补微观研究的不足，还能使对计算机病毒传播的研究理论化，为微观研究提供理论依据。这些理论依据不仅可以验证一些微观研究的成果，还能给微观研究提供指导。

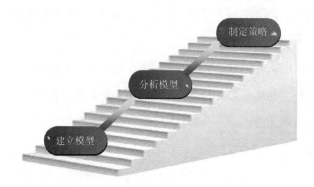

图 1.7　宏观方法

总而言之，微观研究和宏观研究是一个整体，都是十分重要、有价值的，且它们对控制计算机病毒的传播都具有十分重要的作用。

1.2　国内外研究历史与现状

计算机病毒传播动力学是了解计算机病毒传播行为的一个重要的研究方向。这方面的研究最早可以追溯到 20 世纪 80 年代末。到 20 世纪 90 年代初的时候就出现了关于计算机病毒传播的仓室模型的研究文献。由于缺乏网络结构对计算机病毒传播影响的认知，计算机病毒传播动力学的研究出现了一定的停滞。但是，到 20 世纪 90 年代末时，关于网络结构方面的研究取得了重要性的突破。于是，到 21 世纪初出现了关于网络结构对计算机病毒传播影响的零星工作。直到 2010 年后，计算机病毒传播动力学研究才出现一大批文章。令人更加高兴的是，从事计算机病毒传播动力学研究的学者也越来越多，甚至有研究生物传染病动力学的学者加入其中，且取得了研究成果[24]。下面我们将从重要事件和网络结构两方面出发具体介绍上述所有的研究工作。

一方面，从时间线上的重要事件来看：

1987～1988 年，Cohen[19]和 Murray[20]都建议：可以尝试运用传染病动力学领域的仓室建模技术和定性分析技术来了解计算机病毒传播的一般规律。

1991～1993 年，Kephart 等[15-17]采纳了他们的建议，并成功借鉴一类经典的传染病 SIS（susceptible-infected-susceptible）仓室模型，连续发表了三篇论文，建立了最早的计算机病毒传播仓室模型。这些工作宣告了计算机病毒传播动力学的正式诞生。

1994～1999 年，由于对实际网络拓扑结构缺乏深入的了解，未见相关论文发表，相关研究工作也都处于停滞状态。但是，在网络结构方面的研究却取得了重大的突破。首先，在 1998 年，Watts 和 Strogatz[25]实证发现：多种实际网络具有小世界性和高群聚性；其次，在 1999 年，Barabasi 和 Albert[26]实证发现：多种实际网络近似于无标度网络（服从幂律度分布）。这两项工作宣告网络科学的正式诞生。此外，1999 年，Faloutsos 等[27]实证发现：无论是从自治系统层面，还是从路由器层面，因特网都近似于无标度网络。这些发现不仅为后面计算机病毒传播动力学的发展奠定了基础，还开辟了新的研究方向。

2000～2002 年，基于前人对网络结构的研究成果，Pastor-Satorras 和 Vespignani[28, 29]首次提出了基于无标度网络的计算机病毒传播模型，并有了一个很重要的发现：对于由无穷多个节点组成的无标度网络而言，其传播阈值会消失。这些工作宣告了网络传播动力学的正式诞生。但是，直到现在，这套研究方法主要被数学家应用于传染病动力学领域，很少有计算机专家介入该领域。

2005 年到现在这段时间，一批学者深入研究计算机病毒与传染病的本质区别，尝试建立能够正确反映计算机病毒传播规律的动力系统模型。一大批研究成果出现。例如，Piqueira 等[30-33]、Mishra 等[34-43]、Dong 等[44]、Peng 等[45]、冯丽萍等[46-51]、Chen 等[52]、Gan 等[53-61]、Yang 等[62-73]、Zhu 等[74-76]、李红伟等[77, 78]、张旭龙等[79, 80]、Zhang 等[81-86]、Ren 等[87-93]、Amador 等[94-96] 的研究。其中，就有一些新的计算机病毒模型被提出。例如，为了刻画计算机一旦染毒立刻就具有感染性的特点，Yang 等[69]提出了带有潜伏仓室的 SLBS（susceptible-latent-breaking-susceptible）模型。为了研究反制措施对计算机病毒传播的影响，Zhu 等[76]提出了 SICS（susceptible-infected-countermeasure-susceptible）模型。

另一方面，从网络结构上来看，根据网络是否全互联（也就是网络中的任意两台计算机彼此之间是否等概率通信），计算机病毒传播模型可以被分为两大类：同构模型（homogeneous models）和异构模型（heterogeneous models）。

下面我们将具体介绍这些模型。

1. 同构模型

同构模型是指基于网络中的计算机都是全互联的假设而建立的计算机病毒传播模型。这些模型又可以分为常规模型和非常规模型（表 1.4）。

表 1.4　同构模型

类别	模型
常规模型	SIS、SIR、SIRS、SEI、SEIR、SEIRS、SEIRQS、SAIR、SLBS、SLBRS、SIES、SICS、其他
非常规模型	时滞模型、脉冲模型、随机模型、最优化控制模型

（1）SIS 模型：将全体计算机分成两个仓室：S 仓室（所有的易感计算机）和 I 仓室（所有的有毒计算机）。具体请参考文献[15]、[97]、[98]等。

（2）SIR（susceptible-infected-recovered）模型：将全体计算机分成三个仓室，即 S 仓室、I 仓室和 R 仓室（所有的免疫计算机）。具体请参考文献[46]、[74]、[93]等。该模型弥补了 SIS 模型忽略免疫计算机的事实。但由于 R 仓室无法向 S 仓室转化，这也是不符合实际的，因为现实中免疫计算机因重装系统或杀毒软件过期都是有可能变成易感计算机的，所以后来出现了下面的 SIRS 模型。

（3）SIRS（susceptible-infected-recovered-susceptible）模型：就是在 SIR 模型基础上加入了 R 仓室，可以向 S 仓室转化。使得 SIRS 模型更加全面合理了。具体请参考文献[30]、[34]、[47]、[54]、[78]和文献[56]～[58]。

（4）SEI（susceptible-exposed-infected）模型：考虑到计算机病毒存在潜伏期，故把全体计算机分成三个仓室，即 S 仓室、I 仓室和 E 仓室（所有的潜伏期计算机）。具体请参考文献[32]等。

（5）SEIR（susceptible-exposed-infected-removed）模型：在 SEI 模型上加入 R 仓室。具体请参考文献[45]和文献[99]～[101]等。

（6）SEIRS（susceptible-exposed-infected-removed-susceptible）模型：在 SEIR 模型上考虑 R 仓室可以向 S 仓室转化。具体请参考文献[35]、[39]、[42]、[43]等。

（7）SEIRQS（susceptible-exposed-infected-removed-quarantined-susceptible）模型：在 SEIRS 模型基础上加入了 Q 仓室（所有被隔离的计算机）。具体请参考文献[37]、[102]等。

（8）SAIR（susceptible-antidotal-infected-removed）模型：这类模型假设 A 仓室中的计算机是永远不可能被病毒感染的，且它们能治愈其他有毒计算机。具体请参考文献[32]、[33]等。

（9）SLBS 模型：考虑到带病毒的潜伏计算机也具有传染性，就把有毒计算机分为两个仓室：L 仓室（所有的潜伏计算机）和 B 仓室（所有暴发的计算机）。具体请参考文献[62]、[63]、[65]、[69]、[70]等。

（10）SLBRS 模型：就是在 SLBS 模型基础上加入 R 仓室。具体请参考文献[53]、[71]、[103]等。

（11）SIES 模型：为了考虑外部计算机的影响，特意把所有的外部计算机当作一个仓室（即 E 仓室）来研究，这样的好处就是可以对外部计算机进行定性和定量的分析，从而对外部机的影响会有一个更加直观的认识。具体请参考文献[52]、[55]、[60]、[61]等。

（12）SICS 模型：这类模型考虑一类计算机（即 C 仓室）具有反制措施，它们可以向其他计算机分发免疫措施从而使其转化成也具有反制措施的计算机。具体请参考文献[64]、[76]等。

（13）其他常规模型：具体请参考文献[16]、[104]～[106]等。

（14）时滞、脉冲、随机和最优化控制模型：就是在传统模型上加入时滞、脉冲、随机和控制等因素而形成的模型。具体的时滞模型请参考文献[44]、[49]、[82]、[86]～[88]、[91]、[92]、[107]～[110]等；脉冲模型请参考文献[67]、[83]、[84]等；随机模型请参考文献[85]、[94]、[96]等；最优化控制模型请参考文献[24]、[75]、[90]等。

2. 异构模型

异构模型是指网络结构不是同构的（表 1.5）。1999 年，Faloutsos 等[27]实证发现因特网无论是从自治系统层面还是从路由器层面来看，节点度都是近似服从幂律分布的。之后，Pastor-Satorras 和 Vespignani[28, 29]指出不管病毒的感染率有多小，在无限规模的无标度网络上病毒都是可以蔓延的。这些原创性工作极大地激发了广大学者研究网络结构对病毒传播影响的兴趣。于是，许多基于网络结构的生物病毒传播模型被研究。如 SI 模型[111-113]、SIS 模型[114-117]、SIR 模型[118, 119]等。除此之外，在复杂网络上研究计算机病毒的传播行为也成为计算机病毒传播动力学发展的另一个方向。如 SIS 模型[98, 120, 121]、SIR 模型[121]、SLBS 模型[68]、SIES 模型[55, 60]和其他一些模型[66, 122]等。

表 1.5　异构模型

类别	模型
常规模型	SIS、SIR、SIRS、SLBS、SIES、其他

1.3　本书的组织结构

根据研究路线，将本书的研究内容分为 6 章，每章的研究内容可以概括如下所示。

第 1 章主要介绍计算机病毒传播动力学的研究目的与意义及国内外的研究历史与现状。

第 2 章介绍一些与本书相关的基础知识和模型的基本术语，主要为了便于后续章节内容的叙述。

第 3 章主要介绍一类具有反制措施的 SICS 模型。首先对模型进行理论和数值分析，求得四个平衡点，然后分析四个平衡点局部和全局稳定的条件。此外，对如何有效地遏制计算机病毒的大范围暴发进行讨论。

第 4 章主要介绍两类具有接种率和感染率的 SIRS 模型。首先对一类具有线性感染率和线性接种率的 SIRS 模型进行理论和数值分析。然后，在此基础之上，又把该模型拓展到了更一般的情况下研究，即研究一类具有一般非线性感染率和一般非线性接种率的 SIRS 模型。同样地，对 SIRS 模型都进行理论和数值分析，并对如何控制计算机病毒的传播进行讨论。

第 5 章主要介绍两类具有移动存储介质感染率的传播模型。一类是基于外部有毒机影响的 SIRS 模型，另一类是基于杀毒软件影响的 SLBRS 模型，并对这两类模型都进行充分的数学分析。此外，对如何控制计算机病毒的传播进行讨论。

第 6 章主要介绍三类具有外部仓室的 SIES 模型。首先对一类基于全互联网络的 SIES 模型进行理论分析，然后在此基础上考虑网络的结构对计算机病毒传播的影响，又研究一类基于复杂网络的 SIES 模型。最后在上面两类模型的基础上研究一类基于任意网络的 SIES 模型。相应的数值实验结果与理论结果相吻合。最后，也对如何控制计算机病毒的传播进行讨论。

参 考 文 献

[1]   Denning P J. Computers Under Attack：Intruders，Worms and Viruses. New York：Addison-Wesley，1990.

[2]   Szor P. The art of computer virus research and defense. New York：Addison-Wesley Professional，2005.

[3]   国家计算机病毒应急处理中心. 第十三次全国信息网络安全状况暨计算机和移动终端病毒疫情调查活动分析报告. 天津，2014.

[4]   中华人民共和国计算机信息系统安全保护条例. 中华人民共和国国务院令第 147 号，1994.

[5]   傅建明，彭国军，张焕国. 计算机病毒分析与对抗. 武汉：武汉大学出版社，2004.

[6]   韩筱卿，王建锋，钟玮. 计算机病毒分析与防范大全. 北京：电子工业出版社，2006：511.

[7]   张仁斌，李钢，侯整风. 计算机病毒与反病毒技术. 北京：清华大学出版社，2006：452.

[8]   卓新建，郑康锋，辛阳. 计算机病毒原理与防治. 北京：北京邮电大学出版社，2007.

[9]   Stallings W，Brown L. Computer Security：Principles and Practice. New York：Pearson Education，2008.

[10]   韩兰胜. 计算机病毒原理与防治技术. 武汉：华中科技大学出版社，2010：241.

[11]   刘功申. 计算机病毒及其防范技术.2 版. 北京：清华大学出版社，2011.

[12]   王倍昌. 计算机病毒揭秘与对抗. 北京：电子工业出版社，2011：544.

[13]   秦志光，张凤荔，刘峤. 计算机病毒原理与防范技术. 北京：科学出版社，2012：251.

[14]   刘功申，孟魁. 恶意代码与计算机病毒——原理、技术和实践. 北京：清华大学出版社，2013.

[15]   Kephart J O，White S R. Directed-graph epidemiological models of computer viruses. Proceedings of 1991 IEEE Computer Society Symposium on Research in Security and Privacy，Oakland，1991：343-359.

[16]   Kephart J O，White S R. Measuring and modeling computer virus prevalence. Proceedings of 1993 IEEE Computer Society Symposium on Research in Security and Privacy，Oakland，1993：2-15.

[17]   Kephart J O，White S R，Chess D M. Computers and epidemiology. IEEE Spectrum, 1993，30（5）：20-26.

[18]　Tippett P S. The kinetics of computer viruses replication：A theory and preliminary survey. Safe Computing：Proceedings of 4th Annual Computer Virus and Security Conference，New York，1991：66-87.

[19]　Cohen F. Computer viruses：Theory and experiments. Computers and Security，1987，6（1）：22-35.

[20]　Murray W H. The application of epidemiology to computer viruses. Computers and Security，1988，7（2）：139-145.

[21]　Kermack W O，Mckendrick A G. Contributions to the mathematical-theory of epidemics-Ⅲ. Bulletin of Mathematical Biology，1991，53（1/2）：89-118.

[22]　Kermack W O，Mckendrick A G. Contributions to the mathematical-theory of epidemics- Ⅱ. Bulletin of Mathematical Biology，1991，53（1/2）：57-87.

[23]　Kermack W O，Mckendrick A G. Contributions to the mathematical-theory of epidemics- Ⅰ. Bulletin of Mathematical Biology，1991，53（1/2）：33-55.

[24]　Chen L J，Hattaf K，Sun J T. Optimal control of a delayed SLBS computer virus model. Physica A：Statistical Mechanics and Its Applications，2015，427（1）：244-250.

[25]　Watts D J，Strogatz S H. Collective dynamics of 'small-world' networks. Nature，1998，393（6684）：440-442.

[26]　Barabasi A L，Albert R. Emergence of scaling in random networks. Science，1999，286（5439）：509-512.

[27]　Faloutsos M，Faloutsos P，Faloutsos C. On power-law relationships of the Internet topology. Proceedings of ACM SIGCOMM，1999，29（4）：251-262.

[28]　Pastor-Satorras R，Vespignani A. Epidemic spreading in scale-free networks. Physical Review Letters，2001，86（14）：3200-3203.

[29]　Pastor-Satorras R，Vespignani A. Epidemic dynamics and endemic states in complex networks. Physical Review E，2001，63（6）：1-8.

[30]　Piqueira J R C，Navarro B F，Monteiro L H A. Epidemiological models applied to viruses in computer networks. Journal of Computer Science，2005，1（1）：31-34.

[31]　Piqueira J R C，Cesar F B. Dynamical models for computer viruses propagation. Mathematical Problems in Engineering，2008：267-290.

[32]　Piqueira J R C，de Vasconcelos A A，Gabriel C E C J，et al. Dynamic models for computer viruses. Computers and Security，2008，27（7/8）：355-359.

[33]　Piqueira J R C，Araujo V O. A modified epidemiological model for computer viruses. Applied Mathematics and Computation，2009，213（2）：355-360.

[34]　Mishra B K，Jha N. Fixed period of temporary immunity after run of anti-malicious software on computer nodes. Applied Mathematics and Computation，2007，190（2）：1207-1212.

[35]　Mishra B K，Saini D. Mathematical models on computer viruses. Applied Mathematics and Computation，

2007，187（2）：929-936.

[36] Mishra B K，Saini D K. SEIRS epidemic model with delay for transmission of malicious objects in computer network. Applied Mathematics and Computation，2007，188（2）：1476-1482.

[37] Mishra B K，Jha N. SEIQRS model for the transmission of malicious objects in computer network. Applied Mathematical Modelling，2010，34（3）：710-715.

[38] Mishra B K，Pandey S K. Fuzzy epidemic model for the transmission of worms in computer network. Nonlinear Analysis：Real World Applications，2010，11（5）：4335-4341.

[39] Mishra B K，Pandey S K. Dynamic model of worms with vertical transmission in computer network. Applied Mathematics and Computation，2011，217（21）：8438-8446.

[40] Mishra B K，Pandey S K. Effect of anti-virus software on infectious nodes in computer network: A mathematical model. Physics Letters A，2012，376（35）：2389-2393.

[41] Mishra B K，Singh A K. Two quarantine models on the attack of malicious objects in computer network. Mathematical Problems in Engineering，2012：1-14.

[42] Mishra B K，Keshri N. Mathematical model on the transmission of worms in wireless sensor network. Applied Mathematical Modelling，2013，37（6）：4103-4111.

[43] Mishra B K，Pandey S K. Dynamic model of worm propagation in computer network. Applied Mathematical Modelling，2014，38（7/8）：2173-2179.

[44] Dong T，Liao X F，Li H Q. Stability and hopf bifurcation in a computer virus model with multistate antivirus. Abstract and Applied Analysis，2012：1-16.

[45] Peng M，He X，Huang J，et al. Modeling computer virus and its dynamics. Mathematical Problems in Engineering，2013：14-26.

[46] 冯丽萍，王鸿斌，冯素琴. 改进的 SIR 计算机病毒传播模型. 计算机应用，2011，31（7）：1891-1893.

[47] 冯丽萍，王鸿斌，冯素琴. 基于生物学原理的计算机网络病毒传播模型. 计算机工程，2011，37（11）：155-157.

[48] Feng L P，Liao X F，Han Q，et al. Modeling and analysis of peer-to-peer botnets. Discrete Dynamics in Nature and Society，2012：1-18.

[49] Feng L P，Liao X F，Li H Q，et al. Hopf bifurcation analysis of a delayed viral infection model in computer networks. Mathematical and Computer Modelling，2012，56（7/8）：167-179.

[50] Feng L P，Liao X F，Han Q，et al. Dynamical analysis and control strategies on malware propagation model. Applied Mathematical Modelling，2013，37（16/17）：8225-8236.

[51] Feng L P，Wang H B，Han Q，et al. Modeling peer-to-peer botnet on scale-free network. Abstract and Applied Analysis，2014：1-8.

[52] Chen J，Yang X，Gan C. Propagation of computer virus under the influence of external computers：A

dynamical model. Journal of Information and Computational Science，2013，10（16）：5275-5282.

[53]　Gan C，Yang X. Theoretical and experimental analysis of the impacts of removable storage media and antivirus software on viral spread. Communications in Nonlinear Science and Numerical Simulation，2015，22（1-3）：167-174.

[54]　Gan C，Yang X，Liu W，et al. A propagation model of computer virus with nonlinear vaccination probability. Communications in Nonlinear Science and Numerical Simulation，2014，19（1）：92-100.

[55]　Gan C，Yang X，Liu W，et al. Propagation of computer virus both across the internet and external computers：A complex-network approach. Communications in Nonlinear Science and Numerical Simulation，2014，19（8）：2785-2792.

[56]　Gan C，Yang X，Liu W，et al. Propagation of computer virus under human intervention：A dynamical model. Discrete Dynamics in Nature and Society，2012：203-222.

[57]　Gan C，Yang X，Liu W，et al. An epidemic model of computer viruses with vaccination and generalized nonlinear incidence rate. Applied Mathematics and Computation，2013，222：265-274.

[58]　Gan C，Yang X，Zhu Q. Global stability of a computer virus propagation model with two kinds of generic nonlinear probabilities. Abstract and Applied Analysis，2014：1-7.

[59]　Gan C，Yang X，Zhu Q. Propagation of computer virus under the influences of infected external computers and removable storage media. Nonlinear Dynamics，2014，78（2）：1349-1356.

[60]　Gan C，Yang X，Zhu Q，et al. The combined impact of external computers and network topology on the spread of computer viruses. International Journal of Computer Mathematics，2014，91（12）：2491-2506.

[61]　Gan C，Yang X，Zhu Q，et al. The spread of computer virus under the effect of external computers. Nonlinear Dynamics，2013，73（3）：1615-1620.

[62]　Yang L X，Yang X. Propagation behavior of virus codes in the situation that infected computers are connected to the internet with positive probability. Discrete Dynamics in Nature and Society，2012：1-13.

[63]　Yang L X，Yang X. The spread of computer viruses under the influence of removable storage devices. Applied Mathematics and Computation，2012，219（8）：3914-3922.

[64]　Yang L X，Yang X. The effect of infected external computers on the spread of viruses：A compartment modeling study. Physica A：Statistical Mechanics and its Applications，2013，392（24）：6523-6535.

[65]　Yang L X，Yang X. A new epidemic model of computer viruses. Communications in Nonlinear Science and Numerical Simulation，2014，19（6）：1935-1944.

[66]　Yang L X，Yang X. The spread of computer viruses over a reduced scale-free network. Physica A：Statistical Mechanics and its Applications，2014，396：173-184.

[67]　Yang L X，Yang X. The pulse treatment of computer viruses：A modeling study. Nonlinear Dynamics，2014，76（2）：1379-1393.

[68] Yang L X，Yang X，Liu J，et al. Epidemics of computer viruses: A complex-network approach. Applied Mathematics and Computation，2013，219（16）: 8705-8717.

[69] Yang L X，Yang X，Wen L，et al. A novel computer virus propagation model and its dynamics. International Journal of Computer Mathematics，2012，89（17）: 2307-2314.

[70] Yang L X，Yang X，Zhu Q，et al. A computer virus model with graded cure rates. Nonlinear Analysis: Real World Applications，2013，14（1）: 414-422.

[71] Yang X，Liu B，Gan C. Global stability of an epidemic model of computer virus. Abstract and Applied Analysis，2014: 1-8.

[72] Yang X，Mishra B K，Liu Y. Computer virus: Theory，model，and methods. Discrete Dynamics in Nature and Society，2012: 1-2.

[73] Yang X，Yang L X. Towards the epidemiological modeling of computer viruses. Discrete Dynamics in Nature and Society，2012: 1-11.

[74] Zhu Q，Yang X，Ren J. Modeling and analysis of the spread of computer virus. Communications in Nonlinear Science and Numerical Simulation，2012，17（12）: 5117-5124.

[75] Zhu Q，Yang X，Yang L X，et al. Optimal control of computer virus under a delayed model. Applied Mathematics and Computation，2012，218（23）: 11613-11619.

[76] Zhu Q，Yang X，Yang L X，et al. A mixing propagation model of computer viruses and countermeasures. Nonlinear Dynamics，2013，73（3）: 1433-1441.

[77] 李红伟，杨小帆. 带有用户意识的计算机多病毒传播模型. 计算机工程，2012，38（1）: 125-129.

[78] 叶晓梦，杨小帆. 基于两阶段免疫接种的 SIRS 计算机病毒传播模型. 计算机应用，2013，33（3）: 739-742.

[79] 张旭龙，杨小帆. 计算机病毒的最优控制模型. 计算机应用研究，2011，28（8）: 3040-3042.

[80] 张旭龙，杨小帆. 计算机网络病毒传播的概率模型. 世界科技研究与发展，2012，34（3）: 419-422.

[81] Zhang C，Feng T，Zhao Y，et al. A new model for capturing the spread of computer viruses on complex-networks. Discrete Dynamics in Nature and Society，2013: 1-9.

[82] Zhang C，Liu W，Xiao J，et al. Hopf bifurcation of an improved SLBS model under the influence of latent period. Mathematical Problems in Engineering，2013: 206-226.

[83] Zhang C，Zhao Y，Wu Y. An impulse model for computer viruses. Discrete Dynamics in Nature and Society，2012: 2425-2437.

[84] Zhang C，Zhao Y，Wu Y. An impulse dynamic model for computer worms. Abstract and Applied Analysis，2013: 1-8.

[85] Zhang C，Zhao Y，Wu Y，et al. A stochastic dynamic model of computer viruses. Discrete Dynamics in Nature and Society，2012: 858-869.

[86]　Zhang Z，Yang H. Stability and hopf bifurcation for a delayed SLBRS computer virus model. Scientific World Journal，2014：1-6.

[87]　Ren J，Xu Y. Stability and bifurcation of a computer virus propagation model with delay and incomplete antivirus ability. Mathematical Problems in Engineering，2014：1-9.

[88]　Ren J，Xu Y，Liu J. Global bifurcation of a novel computer virus propagation model. Abstract and Applied Analysis，2014：1-6.

[89]　Ren J，Xu Y，Liu J. Investigation of dynamics of a virus-antivirus model in complex network. Physica A：Statistical Mechanics and its Applications，2015，421：533-540.

[90]　Ren J，Xu Y，Zhang C. Optimal control of a delay-varying computer virus propagation model. Discrete Dynamics in Nature and Society，2013：1760-1772.

[91]　Ren J，Xu Y，Zhang Y，et al. Dynamics of a delay-varying computer virus propagation model. Discrete Dynamics in Nature and Society，2012：857-868.

[92]　Ren J，Yang X，Yang L X，et al. A delayed computer virus propagation model and its dynamics. Chaos，Solitons and Fractals，2012，45（1）：74-79.

[93]　Ren J，Yang X，Zhu Q，et al. A novel computer virus model and its dynamics. Nonlinear Analysis：Real World Applications，2012，13（1）：376-384.

[94]　Amador J，Artalejo J R. Stochastic modeling of computer virus spreading with warning signals. Journal of the Franklin Institute，2013，350（5）：1112-1138.

[95]　Amador J，Artalejo J R. Modeling computer virus with the BSDE approach. Computer Networks，2013，57（1）：302-316.

[96]　Amador J. The stochastic SIRA model for computer viruses. Applied Mathematics and Computation，2014，232：1112-1124.

[97]　Billings L，Spears W M，Schwartz I B. A unified prediction of computer virus spread in connected networks. Physics Letters A，2002，297（3/4）：261-266.

[98]　Wierman J C，Marchette D J. Modeling computer virus prevalence with a susceptible-infected-susceptible model with reintroduction. Computational Statistics and Data Analysis，2004，45（1）：3-23.

[99]　Yuan H，Chen G. Network virus-epidemic model with the point-to-group information propagation. Applied Mathematics and Computation，2008，206（1）：357-367.

[100]　Yuan H，Chen G，Wu J，et al. Towards controlling virus propagation in information systems with point-to-group information sharing. Decision Support Systems，2009，48（1）：57-68.

[101]　Yuan H，Liu G，Chen G. On modeling the crowding and psychological effects in network-virus prevalence with nonlinear epidemic model. Applied Mathematics and Computation，2012，219（5）：2387-2397.

[102]　Wang Z，Fan X，Han Q. Global stability of deterministic and stochastic multigroup SEIQR models in

computer network. Applied Mathematical Modelling，2013，37（20/21）：8673-8686.

[103] Yang M，Zhang Z，Li Q，et al. An SLBRS model with vertical transmission of computer virus over the internet. Discrete Dynamics in Nature and Society，2012：341-379.

[104] Saini D K. A mathematical model for the effect of malicious object on computer network immune system. Applied Mathematical Modelling，2011，35（8）：3777-3787.

[105] Toutonji O A，Yoo S M，Park M. Stability analysis of VEISV propagation modeling for network worm attack. Applied Mathematical Modelling，2012，36（6）：2751-2761.

[106] Wang F W，Zhang Y K，Wang C G，et al. Stability analysis of an e-SEIAR model with point-to-group worm propagation. Communications in Nonlinear Science and Numerical Simulation，2015，20（3）：897-904.

[107] Keshri N，Mishra B K. Two time-delay dynamic model on the transmission of malicious signals in wireless sensor network. Chaos，Solitons and Fractals，2014，68：151-158.

[108] Song H T，Wang Q C，Jiang W H. Stability and hopf bifurcation of a computer virus model with infection delay and recovery delay. Journal of Applied Mathematics，2014：1-10.

[109] Han X，Tan Q L. Dynamical behavior of computer virus on Internet. Applied Mathematics and Computation，2010，217（6）：2520-2526.

[110] Yao Y，Feng X D，Yang W，et al. Analysis of a delayed internet worm propagation model with impulsive quarantine strategy. Mathematical Problems in Engineering，2014：1-18.

[111] Barthélemy M，Barrat A，Pastor-Satorras R，et al. Velocity and hierarchical spread of epidemic outbreaks in scale-free networks. Physical Review Letters，2004，92（17）：1-4.

[112] Karsai M，Kivela M，Pan R K，et al. Small but slow world：How network topology and burstiness slow down spreading. Physical Review E，2011，83（2）：1-4.

[113] Zhou T，Liu J G，Bai W J，et al. Behaviors of susceptible-infected epidemics on scale-free networks with identical infectivity. Physical Review E，2006，74（5）：1-16.

[114] Boguna M，Pastor-Satorras R，Vespignani A. Absence of epidemic threshold in scale-free networks with degree correlations. Physical Review Letters，2003，90（2）：1-4.

[115] Castellano C，Pastor-Satorras R. Thresholds for epidemic spreading in networks. Physical Review Letters，2010，105（21）：1-4.

[116] D'Onofrio A. A note on the global behaviour of the network-based SIS epidemic model. Nonlinear Analysis-Real World Applications，2008，9（4）：1567-1572.

[117] Zhu G H，Fu X C，Chen G R. Global attractivity of a network-based epidemic SIS model with nonlinear infectivity. Communications in Nonlinear Science and Numerical Simulation，2012，17（6）：2588-2594.

[118] Draief M，Ganesh A，Massoulie L. Thresholds for virus spread on networks. Annals of Applied Probability，2008，18（2）：359-378.

[119] Moreno Y，Pastor-Satorras R，Vespignani A. Epidemic outbreaks in complex heterogeneous networks. European Physical Journal B，2002，26（4）：521-529.

[120] Lloyd A L，May R M. How viruses spread among computers and people. Science，2001，292（5520）：1316-1317.

[121] Griffin C，Brooks R. A note on the spread of worms in scale-free networks. IEEE Transactions on Systems Man and Cybernetics Part B-Cybernetics，2006，36（1）：198-202.

[122] van Mieghem P，Omic J，Kooij R. Virus spread in networks. IEEE-ACM Transactions on Networking，2009，17（1）：1-14.

第 2 章 预 备 知 识

由于本书的主要研究工作都是应用微分方程组来对计算机病毒的传播行为进行建模、分析及控制的，这套理论属于微分动力系统范畴。同时，为了便于下面章节的阐述，本章介绍一些动力系统的基本知识及微分动力系统稳定性的基本定理[1-3]。此外，为了更好地介绍模型，本章引进一些模型的基本术语。

2.1 动力系统概述

自然辩证法告诉我们，静止是暂时的、相对的，运动才是永恒的、绝对的。自然界和人类社会自诞生之日起，就一直处于持续不断的运动变化之中。自然辩证法又告诉我们，世界上万事万物之间存在着各种各样的联系，甚至在某些看似没有联系的事物之间也存在着隐蔽的、深刻的联系。科学研究的中心任务，就是要运用动态的、联系的观点和方法，发现支配事物运动变化过程的一般规律，揭示事物之间内在的、本质的联系。于是，动力系统这一数学工具也应运而生。

动力系统就是为了研究事物运动变化的规律和了解事物状态的演化规则。其具体的数学描述如下所示。

定义 2.1 动力系统是二元组 $(X, \{\varphi_{t_0, t}\}_{t_0, t \in T})$，其两个分量的含义如下所示。

（1）X 是系统的所有可能状态的集合，称为相空间。二维相空间又称为相平面。

（2）T 是系统状态演化的时间点的集合。

（3）$\{\varphi_{t_0,t}\}_{t_0,t\in T}$ 是一族演化算子，描述了系统状态的演化规则。演化算子用 $\varphi_{t_0,t}:X\to X$ 表示，若系统在时刻 t_0 的状态为 x，则在经历了一段长度为 t 的时间之后，系统的状态将会变成 $\varphi_{t_0,t}(x)$。

若动力系统的演化算子 $\varphi_{t_0,t}(x)$ 不依赖于初始时刻 t_0，只依赖于持续时间 t，则称为自治动力系统，并将 $\varphi_{0,t}(x)$ 简记为 $\varphi_t(x)$；于是有 $\varphi_{t_0,t}(x)=\varphi_{t_0+t}(x)$。若动力系统的演化算子 $\varphi_{t_0,t}(x)$ 同时依赖于初始时刻 t_0 和持续时间 t，则称为非自治动力系统。

若动力系统状态演化的时间点是离散的，则称为离散时间动力系统；反之，若动力系统状态演化的时间点是连续的，则称为连续时间动力系统。本书研究的计算机病毒传播模型都是基于连续时间动力系统的，但在后面工作中做模拟实验时需要用到离散时间动力系统。其实，动力系统就是描述事物运动变化规则的数学模型。

轨道反映了系统状态的演化趋势，是动力系统领域的主要研究对象。图 2.1 是动力系统部分轨道示意图。

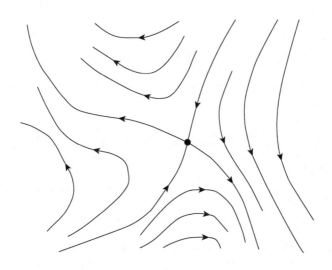

图 2.1　动力系统部分轨道示意图

定义 2.2　设 $(X, \{\varphi_t\}_{t\geqslant 0})$ 是自治动力系统。从初始状态 $x \in X$ 出发的轨道是有向集合 $O_x = \{\varphi_t(x)\}_{t\geqslant 0}$，其正向对应于时间轴的正向。

动力系统的每一条轨道都描述了系统状态的一种可能的演化过程。相图完整地描述了动力系统的演化行为。

定义 2.3　动力系统的相图是由其全体轨道组成的集合。

动力系统的相图则描述了系统状态的所有可能的演化过程。

动力系统拥有无穷多条轨道，一般不可能逐个了解每条轨道的具体细节（除非能够求得所有轨道的解析解），故只能试图了解部分或者全部轨道的大致走向。为了实现这个目标，首先应该研究最简单的轨道，然后再研究其他轨道与它们的关系。平衡点是最简单的轨道。图 2.2 是动力系统的平衡点示意图。周期轨道是第二简单的轨道。图 2.3 是三维空间上的周期轨道示意图。

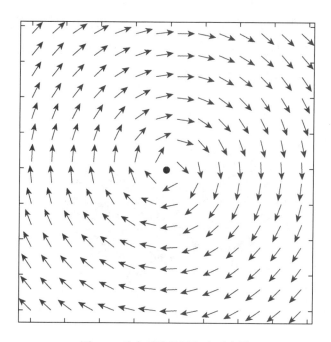

图 2.2　动力系统的平衡点示意图

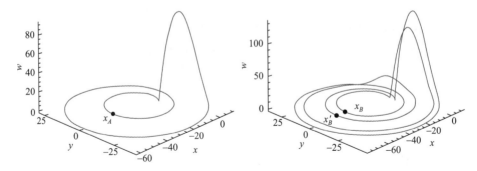

图 2.3　三维空间上的周期轨道示意图

定义 2.4　设 $(X,\{\varphi_t\}_{t\geqslant 0})$ 是自治动力系统，$\bar{x}\in X$。若 $\varphi_t(\bar{x})=\bar{x}(\forall t\geqslant 0)$，则称 $\bar{x}$ 为平衡点。

定义 2.5　设 $(X,\{\varphi_t\}_{t\geqslant 0})$ 是自治动力系统，$\bar{x}\in X$。若存在 $T>0$，使得 $\varphi_T(\bar{x})=\bar{x}$，并且对任意 $T'(0<T'<T)$，都有 $\varphi_{T'}(\bar{x})\neq\bar{x}$；则称 $\bar{x}$ 为 T 周期点，称 $O_{\bar{x}}$ 为 T 周期轨道。

平衡点和周期轨道是最简单的正向不变集，另外还有许许多多更为复杂的不变集。研究动力系统的首要任务，就是确定其平衡点、周期轨道及其他不变集。图 2.4 是混沌不变集示意图。

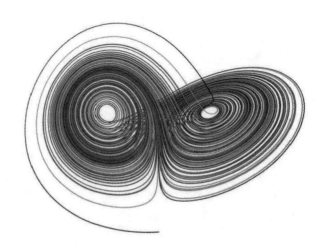

图 2.4　混沌不变集示意图

定义 2.6 设 $(X,\{\varphi_t\}_{t\geqslant0})$ 是自治动力系统，$S\subseteq X$。如果对任意 $x\in S$，都有 $\varphi_t(x)\in S$（$\forall t\geqslant0$），则称 S 为不变集。

为了了解从不变集附近出发的轨道的演化趋势，轨道在不变集附近的演化行为有如下定义。图 2.5～图 2.7 分别是平衡点的几种状态示意图。

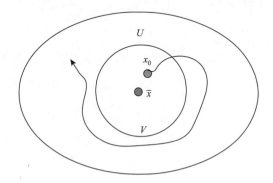

图 2.5　稳定的平衡点状态示意图

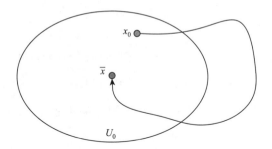

图 2.6　吸引的平衡点状态示意图

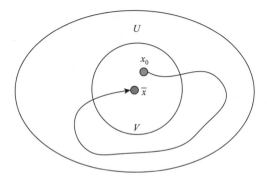

图 2.7　渐近稳定的平衡点状态示意图

定义 2.7　设 $(X,\{\varphi_t\}_{t\geqslant 0})$ 是自治动力系统，X 是完备度量空间，$S\subseteq X$ 是不变集。

（1）若对 S 的任意邻域 U，存在 S 的邻域 V，对任意 $x\in V$，都有 $\varphi_t(x)\subseteq U$（$\forall t\geqslant 0$），则称 S 是稳定的。否则称 S 是不稳定的。

（2）若存在 S 的邻域 U_0，对于任意 $x\in U_0$，都有 $\varphi_t(x)\to S(t\to\infty)$，则称 S 是吸引的。

（3）若 S 既是稳定的又是吸引的，则称 S 是渐近稳定的。

定义 2.8　设 $(X,\{\varphi_t\}_{t\geqslant 0})$ 是自治动力系统，X 是完备度量空间，$S\subseteq X$ 是不变集，W 是 S 的邻域。若 S 是稳定的，并且对任意 $x\in W$，都有 $\varphi_t(x)\to S(t\to\infty)$，则称 S 在 W 中是渐近稳定的。若还有 $W=X$，则称 S 是全局稳定的。

2.2　微分动力系统的稳定性理论

在许多场合，可以将动力系统分解为有限个组分，将每个组分的状态用一个数量来表示。于是，系统的状态就可以用由各个组分的状态组成的向量来表示。如果系统的状态向量在每个时刻的变化率都是已知的、光滑的（有连续的一阶导数），则可以用光滑微分动力系统来描述系统状态的演化规则。

本章主要研究光滑的自治微分动力系统，其一般形式如下列微分方程所示：

$$\frac{\mathrm{d}x}{\mathrm{d}t}=f(x),\quad t\geqslant 0,\quad x\in D\subseteq\mathbb{R}^n \tag{2.1}$$

D 是正向不变的开/闭区域。

下面两个定理是用于证明平衡点的局部稳定性的主要工具。

定理 2.1　（李雅普诺夫稳定性定理）　设 $\bar{x}$ 是动力系统（2.1）的平衡点，$f_x(\bar{x})$ 是 f 在 $\bar{x}$ 点的雅可比矩阵。

（1）若 $f_x(\bar{x})$ 的特征值的实部均为负，则 $\bar{x}$ 是渐近稳定的；这意味着从充分靠近 $\bar{x}$ 的点出发的轨道一概趋于 $\bar{x}$。

（2）若 $f_x(\bar{x})$ 的特征值的实部有正有负，则 $\bar{x}$ 是鞍点；这意味着从充分靠近 $\bar{x}$ 的点出发的轨道有的趋于 $\bar{x}$，有的远离 $\bar{x}$。

（3）若 $f_x(\bar{x})$ 的所有特征值的实部均为正，则 $\bar{x}$ 是排斥子；这意味着从充分靠近 $\bar{x}$ 的点出发的轨道一概远离 $\bar{x}$。

定理 2.2　（赫尔维茨判据）　考虑代数方程

$$a_0\lambda^n + a_1\lambda^{n-1} + \cdots + a_n = 0 \tag{2.2}$$

式中，$a_0 > 0$。对 $n+1 \leqslant i \leqslant 2n-1$，令 $a_i = 0$。若

$$\Delta_1 = a_1, \quad \Delta_2 = \begin{vmatrix} a_1 & a_0 \\ a_3 & a_2 \end{vmatrix}, \quad \Delta_3 = \begin{vmatrix} a_1 & a_0 & 0 \\ a_3 & a_2 & a_1 \\ a_5 & a_4 & a_3 \end{vmatrix}, \cdots$$

$$\Delta_n = \begin{vmatrix} a_1 & a_0 & 0 & 0 & \cdots & 0 \\ a_3 & a_2 & a_1 & a_0 & \cdots & 0 \\ \vdots & \vdots & \vdots & \vdots & & \vdots \\ a_{2n-1} & a_{2n-2} & a_{2n-3} & a_{2n-4} & \cdots & a_n \end{vmatrix}$$

则式（2.2）的所有的根均具有负实部的充分必要条件是 $\Delta_i > 0$（$1 \leqslant i \leqslant n$）。

接下来的定理是证明微分动力系统的平衡点具有全局稳定性的主要工具。

定理 2.3　（拉萨尔不变性原理）　考虑系统

$$\frac{\mathrm{d}x}{\mathrm{d}t} = f(x), \quad x \in X \tag{2.3}$$

式中，$f \in C^1(X \to \mathbb{R}^n)$。设原点 0 是平衡点。如果存在函数 $V \in C^1(\mathbb{R}^n \to \mathbb{R}^1)$，满足

（1）$V(x) \geqslant 0$（$\forall x \in X$），等号成立当且仅当 $x = 0$；

（2）$V(x) \to +\infty$（$\|x\| \to +\infty$）；

（3）$(V_x(x), f(x)) \leqslant 0$（$\forall x \in X$）；

（4）集合 $\{x \in X : (V_x(x), f(x)) = 0\}$ 除平凡轨道 $x(t) \equiv 0$ 外不含其他轨道，则平衡点 0 关于 X 是全局渐近稳定的。

满足上述条件的函数 V 称为李雅普诺夫函数。然而，构造李雅普诺夫函数是一件十分困难的事情，好多时候花费了大量的时间和精力都不一定能找得到合适的。目前，数学家仍没有找到一般的构造方法。

但是，对于二维微分动力系统平衡点全局稳定性有另一种证明方法，即运用广义庞加莱-本迪克松定理来证明。

为了利用上述定理证明二维微分动力系统的平衡点具有全局稳定性，先要介绍下极限集的定义和证明系统无周期解的一个重要定理。

定义 2.9　设 $(X, \{\varphi_t\}_{t \geqslant 0})$ 是自治动力系统，X 是完备度量空间，$x_0, x \in X$。若存在 $t_n \to \infty$，使 $\varphi_{t_n}(x) \to x_0$（$n \to \infty$），则称 x_0 为 x 的 ω 极限点。称 x 的 ω 极限点的集合为 x 的 ω 极限集，记为 $\omega(x)$。

定理 2.4　（本迪克松-杜拉克判据）　考虑平面系统

$$\begin{cases} \dot{x} = P(x, y), \\ \dot{y} = Q(x, y), \end{cases} \quad (x, y) \in X \subseteq \mathbb{R}^2 \qquad (2.4)$$

式中，X 是单连通区域，$P, Q \in C^1(X)$。如果存在函数 $\alpha \in C^1(X \to \mathbb{R}^1)$，使得 $\dfrac{\partial(\alpha P)}{\partial x} + \dfrac{\partial(\alpha Q)}{\partial y}$ 在 X 内不变号，且 $\dfrac{\partial(\alpha P)}{\partial x} + \dfrac{\partial(\alpha Q)}{\partial y}$ 不在 X 的任何子区域内恒为零，则该平面系统在 X 内部无周期轨道。

满足上述条件的辅助函数称为杜拉克函数。

下面着重介绍证明二维微分动力系统平衡点全局稳定性的一个重要定理。

定理 2.5　（广义庞加莱-本迪克松定理）　考虑二维微分动力系统

$$\frac{dx}{dt} = f(x), \quad x \in \Omega \subseteq \mathbb{R}^2 \qquad (2.5)$$

式中，Ω 是正向不变紧集，在 Ω 中只有有限个平衡点。则对于任意 $x_0 \in \Omega$，

$\omega(x_0)$ 或者由单个平衡点组成，或者由单条周期轨道组成，或者由有限个平衡点和可数多条同宿或异宿于这些平衡点的轨道共同组成。

定理 2.6　考虑二维系统（2.5）。如果

（1）在 Ω 中只有唯一平衡点 $\bar{x}$，且 $\bar{x}$ 是局部渐近稳定的。

（2）在 Ω 中无周期解，则 $\bar{x}$ 关于 Ω 是全局渐近稳定的。

2.3　本书模型的基本术语

本书一共研究了 4 大类计算机病毒传播的动力学模型。它们主要是 SICS 模型、SIRS 模型、SLBRS 模型和 SIES 模型。

于是，根据计算机是否联入网络，我们把所有计算机分为两类。

内部计算机（internal computer）：联入网络的计算机，简称为内部机。

外部计算机（external computer）：未与网络连接的计算机，简称为外部机。

进一步地，我们把所有计算机的状态分为如下几类。

（1）易感机（susceptible computer）：不携带病毒且未安装杀毒软件或杀毒软件过期的计算机。

（2）潜伏机（latent computer）：携带病毒且所有病毒均处于静态的计算机。

（3）发作机（breaking-out computer）：携带病毒且至少有一种病毒处于动态的计算机。

（4）有毒机（infected computer）：携带病毒的计算机。潜伏机和发作机都是有毒机。

（5）反制机（competing computer）：具有反制措施的内部计算机（具有病毒免疫能力，不会被病毒感染）。

（6）免疫机（recovered computer）：不携带病毒且安装最新版本杀毒软件的计算机。

为了便于对处于不同状态下的计算机进行定性和定量分析，下面各章节若无特殊声明，下列数学符号代表含义如下所示。

$S(t)$：在 t 时刻内部易感机的平均数量，简写为 S。

$L(t)$：在 t 时刻内部潜伏机的平均数量，简写为 L。

$B(t)$：在 t 时刻内部发作机的平均数量，简写为 B。

$I(t)$：在 t 时刻内部有毒机的平均数量，简写为 I。

$C(t)$：在 t 时刻内部反制机的平均数量，简写为 C。

$R(t)$：在 t 时刻内部免疫机的平均数量，简写为 R。

$E(t)$：在 t 时刻外部机的平均数量，简写为 E。

下面介绍几个在计算机病毒传播动力学系统中常用的术语。

若动力系统的平衡点中的分量即有毒机的数量或比例为 0，则称该平衡点为无毒平衡点；若平衡点中的分量即有毒机的数量或比例不为 0，则称该平衡点为有毒平衡点。

此外，在后面的模型分析中经常会提到的基本再生数是指单台有毒机在从染毒到痊愈期间所感染的计算机的平均台数，一般用 R_0 来表示。

参 考 文 献

[1]　Kuznetsov Y A. Elements of Applied Bifurcation Theory. New York：Springer-Verlag，1998.

[2]　Robinson R C. An Introduction to Dynamical Systems：Continuous and Discrete. New York：Prentice Hall，2005.

[3]　Sternberg S. Dynamical Systems. New York：Dover Publications，2010.

第3章 一类具有反制措施的 SICS 模型

当前研究较多的反病毒策略主要有三种：随机免疫策略（the random immunization strategy）、目标免疫策略（the targeted immunization strategy）和 KS 策略（Kill-Signal strategy）。而 Chen 等[1]提出了一种新型的反病毒策略——反制措施竞争策略（the countermeasure competing strategy，CMC）。本章旨在从理论上研究这种新型的反病毒策略对抑制病毒传播的有效性。

3.1 模 型 描 述

为了研究反制措施和计算机病毒的传播行为，计算机被人为地分为以下几类。

（1）易感机（S-computers），即不具有反制措施且未被病毒感染的内部计算机（没有病毒免疫能力）。

（2）感染机（I-computers），即被病毒感染的内部计算机。

（3）反制机（C-computers），即具有反制措施的内部计算机（具有病毒免疫能力，不会被病毒感染）。

令 $S(t)$、$I(t)$ 和 $C(t)$ 分别表示 t 时刻易感机、感染机和反制机的数量。为了简便，我们将其分别简写为 S、I 和 C。

为了研究病毒与反制措施的混合传播，我们引入了以下合理假设。

符号说明：

λ：计算机接入网络的速率。

μ：计算机断开网络的概率。

β_1：易感机与感染机之间的接触感染率。

β_2：感染机（或者易感机）与反制机的接触获得反制措施的概率。

γ_1：感染机被解毒的概率。

γ_2：反制机失去免疫能力的概率。

模型假设：

（1）所有的外部计算机均为易感机。

（2）外部计算机以恒定速率 λ（$\lambda>0$）接入互联网。

（3）内部计算机以恒定速率 μ（$\mu>0$）断开与互联网的连接。

（4）每台易感机因感染机而中毒的概率为 $\beta_1 I(t)$，其中 β_1 为大于 0 的常数。

（5）每台易感机或者感染机获得反制措施的概率为 $\beta_2 C(t)$，其中 β_2 为大于 0 的常数。

（6）每台感染机以恒定概率 γ_1 被解毒。

（7）由于反制措施的时效性，每台反制机以恒定概率 γ_2 失去病毒免疫能力变为易感机。

上述假设可以通过图 3.1 清晰地看到计算机在各个状态的转化过程。

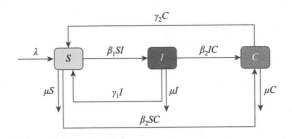

图 3.1　SICS 模型的状态转移图

综合上述分析和假设，我们可以得到一个计算机病毒与反制措施的微分方程组模型，如下：

$$\begin{cases} \dot{S} = \lambda - \beta_1 SI - \beta_2 SC + \gamma_1 I + \gamma_2 C - \mu S \\ \dot{I} = \beta_1 SI - \beta_2 IC - (\gamma_1 + \mu)I \\ \dot{C} = \beta_2(S+I)C - (\gamma_2 + \mu)C \end{cases} \tag{3.1}$$

其初始条件为 $(S(0), I(0), C(0)) \in \mathbb{R}^3_+$，其正向不变集为

$$\Gamma_1 = \left\{ (S, I, C) \in \mathbb{R}^3_+ : S + I + C \leqslant \frac{\lambda}{\mu} \right\} \tag{3.2}$$

记 t 时刻内部计算机的总数为 $N = N(t)$，即 $N(t) = S(t) + I(t) + C(t)$。根据式（3.1）和式（3.2），可知

$$\dot{N} = \lambda - \mu N$$

3.2　平　衡　点

经直接计算，我们得到系统（3.1）的四个潜在的平衡点，如下：

（1）$E_1 = (S_1, I_1, C_1)$，其中，$S_1 = \lambda / \mu$，$I_1 = C_1 = 0$。

（2）$E_2 = (S_2, I_2, C_2)$，其中，$S_2 = \dfrac{\gamma_2 + \mu}{\beta_2}$，$I_2 = 0$，$C_2 = \dfrac{\lambda\beta_2 - \mu(\mu + \gamma_2)}{\mu\beta_2}$。

（3）$E_3 = (S_3, I_3, C_3)$，其中，$S_3 = \dfrac{\gamma_1 + \mu}{\beta_1}$，$I_3 = \dfrac{\lambda\beta_1 - \mu(\mu + \gamma_1)}{\mu\beta_1}$，$C_3 = 0$。

（4）$E_4 = (S_4, I_4, C_4)$，其中，$I_4 = \dfrac{\mu\beta_1(\gamma_2 + \mu) - \beta_2[\lambda\beta_2 + \mu(\gamma_1 - \gamma_2)]}{\mu\beta_1\beta_2}$，$S_4 = \dfrac{\lambda\beta_2 + \mu(\gamma_1 - \gamma_2)}{\mu\beta_1}$，$C_4 = C_2$。

显然，E_1 和 E_2 是无毒平衡点，而 E_3 和 E_4 是有毒平衡点。进一步地，我们得到如下定理。

定理 3.1　考虑系统（3.2），有如下结论：

（1）若 $\lambda\beta_1 < \mu(\mu + \gamma_1)$ 且 $\lambda\beta_2 < \mu(\mu + \gamma_2)$，系统只有唯一平衡点 E_1。

（2）若 $\lambda\beta_1 < \mu(\mu + \gamma_1)$ 且 $\lambda\beta_2 > \mu(\mu + \gamma_2)$，系统恰有两个平衡点 E_1 和 E_2。

（3）若 $\lambda\beta_1 > \mu(\mu + \gamma_1)$ 且 $\lambda\beta_2 < \mu(\mu + \gamma_2)$，系统恰有两个平衡点 E_1 和 E_3。

（4）若 $\lambda\beta_1 > \mu(\mu + \gamma_1)$，$\lambda\beta_2 > \mu(\mu + \gamma_2)$ 且 $\mu\beta_1(\mu + \gamma_2) < \beta_2[\lambda\beta_2 + \mu(\gamma_1 - \gamma_2)]$，系统恰有三个平衡点 E_1、E_2 和 E_3。

（5）若 $\lambda\beta_1 > \mu(\mu+\gamma_1)$，$\lambda\beta_2 > \mu(\mu+\gamma_2)$ 且 $\mu\beta_1(\mu+\gamma_2) > \beta_2[\lambda\beta_2 + \mu(\gamma_1 - \gamma_2)]$，系统恰有四个平衡点 E_1、E_2、E_3 和 E_4。

3.3　平衡点的局部稳定性

本节重点研究上述四个平衡点的局部稳定性。系统（3.2）在任意一个可能的平衡点 $\overline{E} = (\overline{S}, \overline{I}, \overline{C})$ 处均有一个与之对应的线性化系统，且线性化系统对应的特征方程如下：

$$\begin{vmatrix} \xi + \beta_1\overline{I} + \beta_2\overline{C} + \mu & \beta_1\overline{S} - \gamma_1 & \beta_2\overline{S} - \gamma_2 \\ -\beta_1\overline{I} & \xi - \beta_1\overline{S} + \beta_2\overline{C} + \gamma_1 + \mu & \beta_2\overline{I} \\ -\beta_2\overline{C} & -\beta_2\overline{C} & \xi - \beta_2(\overline{S} + \overline{I}) + \gamma_2 + \mu \end{vmatrix} = 0 \quad （3.3）$$

定理 3.2　若 $\lambda\beta_1 < \mu(\mu+\gamma_1)$ 且 $\lambda\beta_2 < \mu(\mu+\gamma_2)$，则平衡点 E_1 局部渐近稳定。

证明　当 $\overline{E} = E_1$ 时，式（3.3）可简化为

$$\begin{vmatrix} \xi + \mu & \beta_1\dfrac{\lambda}{\mu} - \gamma_1 & \beta_2\dfrac{\lambda}{\mu} - \gamma_2 \\ 0 & \xi - \beta_1\dfrac{\lambda}{\mu} + \gamma_1 + \mu & 0 \\ 0 & 0 & \xi - \beta_2\dfrac{\lambda}{\mu} + \gamma_2 + \mu \end{vmatrix} = 0$$

求解以上方程，得到如下三个根：

$$\xi_1 = -\mu, \quad \xi_2 = \beta_1\frac{\lambda}{\mu} - \gamma_1 - \mu, \quad \xi_3 = \beta_2\frac{\lambda}{\mu} - \gamma_2 - \mu$$

显然，在定理 3.2 的条件下，三个根均为负。根据李雅普诺夫定理[2]，定理 3.2 得证。

定理 3.3　若 $\lambda\beta_2 > \mu(\mu+\gamma_2)$ 且 $\mu\beta_1(\mu+\gamma_2) < \beta_2[\lambda\beta_2 + \mu(\gamma_1 - \gamma_2)]$，平衡点 E_2 局部渐近稳定。

证明　当 $\overline{E} = E_2$ 时，式（3.3）可简化为

$$\begin{vmatrix} \xi + \beta_2 C_2 + \mu & \beta_1 S_2 - \gamma_1 & \beta_2 S_2 - \gamma_2 \\ 0 & \xi - \beta_1 S_2 + \beta_2 C_2 + \gamma_1 + \mu & 0 \\ -\beta_2 C_2 & -\beta_2 C_2 & \xi - \beta_2 S_2 + \gamma_2 + \mu \end{vmatrix} = 0$$

求解以上方程, 得到如下三个根:

$$\xi_1 = -\mu, \quad \xi_2 = -\beta_2 \frac{\lambda}{\mu} + \gamma_2 + \mu, \quad \xi_3 = \frac{\mu \beta_1 (\mu + \gamma_2) - \beta_2 [\lambda \beta_2 + \mu (\gamma_1 - \gamma_2)]}{\mu \beta_2}$$

显然, 在定理 3.3 的条件下, 三个根均为负。根据李雅普诺夫定理[2], 定理 3.3 得证。

定理 3.4 若 $\lambda \beta_1 > \mu(\mu + \gamma_1)$ 且 $\lambda \beta_2 < \mu(\mu + \gamma_2)$, 平衡点 E_3 局部渐近稳定。

证明 当 $\bar{E} = E_3$ 时, 式 (3.3) 可简化为

$$\begin{vmatrix} \xi + \beta_1 I_3 + \mu & \beta_1 S_3 - \gamma_1 & \beta_2 S_3 - \gamma_2 \\ -\beta_1 I_3 & \xi - \beta_1 S_3 + \gamma_1 + \mu & \beta_2 I_3 \\ 0 & 0 & \xi - \beta_2 (S_3 + I_3) + \gamma_2 + \mu \end{vmatrix} = 0$$

求解以上方程, 得到如下三个根:

$$\xi_1 = -\mu, \quad \xi_2 = -\beta_2 \frac{\lambda}{\mu} + \gamma_2 + \mu, \quad \xi_3 = \beta_2 \frac{\lambda}{\mu} - \gamma_2 - \mu$$

显然, 在定理 3.4 的条件下, 三个根均为负。根据李雅普诺夫定理[2], 定理 3.4 得证。

定理 3.5 若 $\lambda \beta_2 > \mu(\mu + \gamma_2)$ 且 $\mu \beta_1 (\mu + \gamma_2) > \beta_2 [\lambda \beta_2 + \mu(\gamma_1 - \gamma_2)]$, 平衡点 E_4 局部渐近稳定。

证明 当 $\bar{E} = E_4$ 时, 式 (3.3) 可简化为

$$\begin{vmatrix} \xi + \beta_1 I_4 + \beta_2 C_4 + \mu & \beta_1 S_4 - \gamma_1 & \beta_2 S_4 - \gamma_2 \\ -\beta_1 I_4 & \xi - \beta_1 S_4 + \beta_2 C_4 + \gamma_1 + \mu & \beta_2 I_4 \\ -\beta_2 C_4 & -\beta_2 C_4 & \xi - \beta_2 (S_4 + I_4) + \gamma_2 + \mu \end{vmatrix} = 0$$

求解以上方程, 得到如下三个根:

$$\xi_1 = -\mu, \quad \xi_2 = -\beta_2 \frac{\lambda}{\mu} + \gamma_2 + \mu, \quad \xi_3 = \frac{\beta_2 [\lambda \beta_2 + \mu(\gamma_1 - \gamma_2)] - \mu \beta_1 (\mu + \gamma_2)}{\mu \beta_2}$$

显然，在定理 3.5 的条件下，三个根均为负。根据李雅普诺夫定理[2]，定理 3.5 得证。

3.4 平衡点的全局稳定性

本节我们将研究四个平衡点的全局稳定性。首先我们介绍马尔可夫的一个定理[3]。

定义 3.1 考虑一对 n 维动力系统，

$$A: \quad \dot{x}_i = f_i(x,t), \quad i=1,2,\cdots,n$$

和

$$A_\infty: \quad \dot{x}_i = g_i(x), \quad i=1,2,\cdots,n$$

其中①对于 $x \in G$ （$G \subset \mathbb{R}^n$ 为开集），f_i 和 g_i 在 (x,t) 上是连续的。②对于 $t > t_0$，f_i 和 g_i 关于 x 满足局部利普希茨条件。如果对于任意一个紧集 $K \subseteq G$ 和任意一个 $\eth > 0$，都存在 $T = T(K,\eth) > t_0$ 使得 $|f_i(x,t) - g_i(x)| < \eth$（$i=1,2,\cdots,n$）对所有 $x \in K$ 和 $t > T$ 恒成立，则称 A 在 G 上渐近于 A_∞，记为 $A \to A_\infty$。

定义 3.2 假设 $x(t)$ 是如下柯西问题的解，

$$\dot{x} = f(x,t), \quad x(t_0) = x_0$$

则定义解 $x(t)$ 的 Ω-极限集如下：

$$\Omega(x(t)) = \{y: 存在 t_n \to +\infty 使得 y = \lim_{n\to\infty} x(t_n)\}$$

定理 3.6 令 $A \to A_\infty$，P 为 A_∞ 的一个渐近平衡点。那么，存在 P 的一个邻域 N 和 $T > 0$，使得在 $t > T$ 时与 N 相交的 A 的所有解的 Ω-极限集就等于 P。

现在我们考虑以下动力系统：

$$\begin{cases} \dot{x} = a - bxy + cy - dx \\ \dot{y} = bxy - (c+d)y \end{cases} \tag{3.4}$$

其初始条件为 $(x(0), y(0)) \in \mathbb{R}_+^2$，其中 a、b、c 和 d 均为正常数。令

$$\Gamma_2 = \left\{ (x,y) \in \mathbb{R}_+^2 : x+y \leqslant \frac{a}{d} \right\}$$

显然，Γ_2 是系统（3.4）的正向不变集。接下来，我们证明两个引理。

引理 3.1 考虑系统（3.4），有如下结论：

（1）若 $ab < d(c+d)$，则系统的唯一平衡点 $E_0 = (x_0, 0)$ 关于 Γ_2 全局渐近稳定，其中 $x_0 = \dfrac{a}{d}$。

（2）若 $ab > d(c+d)$，则系统的平衡点 $E^* = (x^*, y^*)$ 关于 Γ_2 全局渐近稳定，其中 $x^* = \dfrac{c+d}{b}$，$y^* = \dfrac{a}{d} - \dfrac{c+d}{b}$。

证明 （1）在此条件下，E_0 是系统在 Γ_2 内唯一的平衡点，E_0 对应的特征方程为

$$\begin{vmatrix} \xi + d & \dfrac{ab}{d} - c \\ 0 & \xi - \dfrac{ab}{d} + c + d \end{vmatrix} = 0$$

解得

$$\xi_1 = -d, \quad \xi_2 = \frac{ab}{d} - (c+d)$$

显然，此时 ξ_1 与 ξ_2 均为负。因此，由李雅普诺夫定理[2]可知，E_0 是局部渐近稳定的。

接着，我们将利用直接李雅普诺夫方法来证明 E_0 的全局渐近稳定。考虑函数

$$V(x,y) = \frac{1}{2}(x - x_0)^2 + \frac{1}{2}y^2$$

求导可得

$$\left. \frac{\mathrm{d}V}{\mathrm{d}t} \right|_{(3.4)} = (x - x_0)\dot{x} + y\dot{y}$$

$$= (x - x_0)(a - bxy + cy - dx) + (bx - c - d)y^2$$

$$= -by(x - x_0)^2 - d(x - x_0)^2 + cy(x - x_0) + (bx - c - d)y^2$$

$$\leqslant \left(\frac{ab}{d} - c - d \right) y^2$$

显然，$\mathrm{d}V / \mathrm{d}t \leqslant 0$ 恒成立，当且仅当 $x = x_0$，$y = 0$ 时，等号成立。根据拉萨尔不变性原理[2]，命题得证。

（2）此时，系统（3.4）在 Γ_2 内存在一个正平衡点 E^*。E^* 对应的特征方程如下：

$$\begin{vmatrix} \xi + by^* + d & bx^* - c \\ -by^* & \xi - bx^* + c + d \end{vmatrix} = 0$$

解得

$$\xi_1 = -d, \quad \xi_2 = c + d - \frac{ab}{d}$$

此时，ξ_1 与 ξ_2 均为负。因此，由李雅普诺夫定理[2]可知，E^* 是局部渐近稳定的。

类似地，考虑如下函数：

$$V(x, y) = x^* \left(\frac{x}{x^*} - \ln \frac{x}{x^*} \right) + \frac{d}{c + d} x^* \left(\frac{x}{x^*} - \ln \frac{x}{x^*} \right)$$

注意到

$$a - bx^* y^* + cy^* - dx^* = 0, \quad bx^* y^* - (c + d)y^* = 0$$

可以得到

$$\begin{aligned}
\left. \frac{\mathrm{d}V}{\mathrm{d}t} \right|_{(3.4)} &= \left(1 - \frac{x^*}{x} \right) \dot{x} + \left(1 - \frac{y^*}{y} \right) \dot{y} \\
&= a - bxy + cy - dx - a\frac{x^*}{x} + bx^* y - c\frac{x^*}{x} y + dx^* \\
&\quad + \frac{d}{c + d}(bxy - bxy^*) - d(y - y^*) \\
&= a \left(2 - \frac{x^*}{x} - \frac{x}{x^*} \right) + dy \left(2 - \frac{x^*}{x} - \frac{x}{x^*} \right) \\
&= \left(-(a + dy)\frac{x}{x^*} \right) \left(1 - \frac{x^*}{x} \right) y^2
\end{aligned}$$

显然，$dV/dt \leq 0$ 恒成立，当且仅当 $x = x^*$，$y = y^*$ 时，等号成立。根据拉萨尔不变性原理[2]，命题得证。

引理 3.2　考虑系统（3.1），有如下结论：

（1）若 $\lambda\beta_2 < \mu(\mu+\gamma_2)$，则随着 $t \to +\infty$，$C \to 0$。

（2）若 $\lambda\beta_2 > \mu(\mu+\gamma_2)$，则随着 $t \to +\infty$，$C \to \dfrac{\lambda\beta_2 - \mu(\mu+\gamma_2)}{\mu\beta_2}$。

证明　令 $M = M(t) = S(t) + I(t)$，则有

$$\begin{cases} \dot{M} = \lambda - \beta_2 MC + \gamma_2 C - \mu M \\ \dot{C} = \beta_2 MC - (\gamma_2 + \mu)C \end{cases}$$

由引理 3.1 可证。

现在我们证明本章的主要结论。

定理 3.7　考虑系统（3.1），且假设 $\lambda\beta_2 < \mu(\mu+\gamma_2)$。

（1）若 $\lambda\beta_1 < \mu(\mu+\gamma_1)$，$E_1$ 关于 Γ_1 全局渐近稳定。

（2）若 $\lambda\beta_1 > \mu(\mu+\gamma_1)$，$E_3$ 关于 Γ_1 全局渐近稳定。

证明　由引理 3.2 可知，系统（3.1）对应的极限系统如下：

$$\begin{cases} \dot{S} = \lambda - \beta_1 SI + \gamma_1 I - \mu S \\ \dot{I} = \beta_1 SI - (\gamma_1 + \mu)I \\ \dot{C} = 0 \end{cases}$$

上式可进一步简化为如下二维系统：

$$\begin{cases} \dot{S} = \lambda - \beta_1 SI + \gamma_1 I - \mu S \\ \dot{I} = \beta_1 SI - (\gamma_1 + \mu)I \end{cases} \tag{3.5}$$

由引理 3.1 可知，当 $\lambda\beta_1 < \mu(\mu+\gamma_1)$ 时，系统（3.5）的平衡点 $(\lambda/\mu, 0)$ 是全局渐近稳定的；反之，当 $\lambda\beta_1 > \mu(\mu+\gamma_1)$ 时，平衡点 $\left(\dfrac{\gamma_1 + \mu}{\beta_1}, \dfrac{\lambda\beta_1 - \mu(\mu+\gamma_1)}{\mu\beta_1} \right)$ 是全局渐近稳定的。由定理 3.1、定理 3.2 和定理 3.4，命题得证。

同理，我们也可以证明得到如下定理。

定理 3.8　考虑系统（3.1），且假设 $\lambda\beta_2 > \mu(\mu+\gamma_2)$。

（1）若 $\mu\beta_1(\mu+\gamma_2)<\beta_2[\lambda\beta_2+\mu(\gamma_1-\gamma_2)]$， E_2 关于 Γ_1 全局渐近稳定。

（2）若 $\mu\beta_1(\mu+\gamma_2)>\beta_2[\lambda\beta_2+\mu(\gamma_1-\gamma_2)]$， E_4 关于 Γ_1 全局渐近稳定。

3.5　数　值　实　验

本节给出以下四个数值实验阐释系统（3.1）的四个可能的平衡点的全局稳定性。

例 3.1　取参数 $\beta_1=0.002$， $\beta_2=0.001$， $\gamma_1=0.03$， $\gamma_2=0.04$， $\lambda=1$ 和 $\mu=0.1$，初始值 $S(0)=1$、 $I(0)=5$ 和 $C(0)=3$。由定理 3.7 可知，此时平衡点 E_1 全局渐近稳定。实验结果见图 3.2。

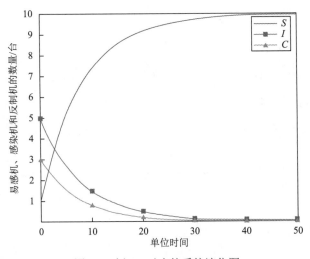

图 3.2　例 3.1 对应的系统演化图

例 3.2　取参数 $\beta_1=0.03$， $\beta_2=0.07$， $\gamma_1=0.002$， $\gamma_2=0.005$， $\lambda=1$ 和 $\mu=0.1$，初始值 $S(0)=3$、 $I(0)=5$ 和 $C(0)=1$。由定理 3.8 可知，此时平衡点 E_2 全局渐近稳定。实验结果见图 3.3。

例 3.3　取参数 $\beta_1=0.04$， $\beta_2=0.001$， $\gamma_1=0.02$， $\gamma_2=0.02$， $\lambda=1$ 和 $\mu=0.1$，初始值 $S(0)=3$、 $I(0)=1$ 和 $C(0)=5$。由定理 3.7 可知，此时平衡点 E_3 全局渐近稳定。实验结果见图 3.4。

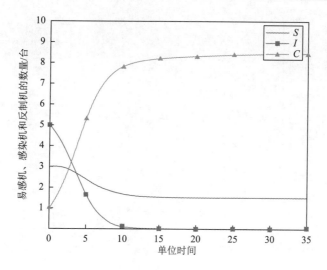

图 3.3 例 3.2 对应的系统演化图

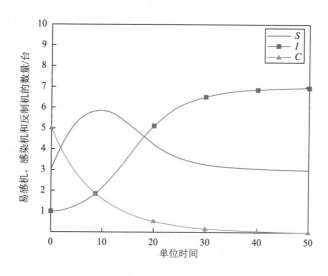

图 3.4 例 3.3 对应的系统演化图

例 3.4 取参数 $\beta_1 = 0.07$，$\beta_2 = 0.03$，$\gamma_1 = 0.04$，$\gamma_2 = 0.05$，$\lambda = 1$ 和 $\mu = 0.1$，初始值 $S(0) = 3$、$I(0) = 5$ 和 $C(0) = 1$。由定理 3.4 可知，此时平衡点 E_4 全局渐近稳定。实验结果见图 3.5。

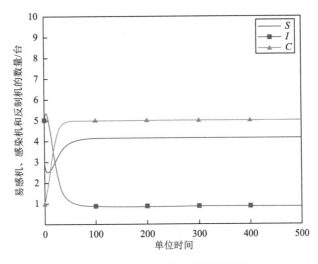

图 3.5　例 3.4 对应的系统演化图

为了更加清晰地了解四个平衡点的存在性和稳定性，我们将参数子空间 $\{(\beta_1,\beta_2):\beta_1>0,\beta_2>0\}$ 分为五个部分，依次标记为 I、II、III、IV 和 V（图 3.6）。用 E、NE 和 GAS 分别表示存在、不存在和全局渐近稳定，表 3.1 阐释了四个平衡点的存在性和稳定性。

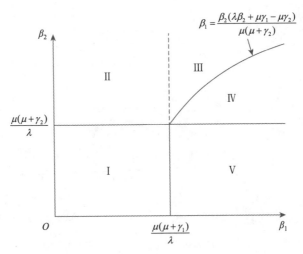

图 3.6　参数子空间 $\{(\beta_1,\beta_2):\beta_1>0,\beta_2>0\}$

表 3.1　四个平衡点的存在性和稳定性

平衡点	I	II	III	IV	V
E_1	GAS	E	E	E	E
E_2	NE	GAS	GAS	NE	E
E_3	NE	NE	E	GAS	E
E_4	NE	NE	NE	NE	GAS

显然，当参数 (β_1, β_2) 落在 I、II 和 III 这三个区域内时，系统的无毒平衡点要么不存在，要么不稳定；这意味着网络中的计算机病毒最终会趋于消亡。反之，当参数落在 IV 和 V 这两个区域时，系统的有毒平衡点全局渐近稳定；换言之，网络中的计算机病毒会长期存在。因而，在现实环境中，应当尽可能地采取措施使平衡点位于 I、II 和 III 构成的大区域内。

3.6　本 章 小 结

本章在 Chen 等提出的 CMC 策略基础上，提出了一个 SICS 模型。主要取得了以下理论成果：①求得了该模型的四个平衡点；②详尽地分析了四个平衡点全局稳定的条件。结果表明：合理使用 CMC 策略，将有效地遏制计算机病毒的大范围暴发，甚至使网络的计算机病毒趋于消亡。

参 考 文 献

[1] Chen L C，Carley K M. The impact of countermeasure propagation on the prevalence of computer viruses. IEEE Transactions on Systems，Man，and Cybernetics，2004，34（2）：823-833.

[2] Robinson R C. An Introduction to Dynamical Systems：Continuous and Discrete. New York：Prentice Hall，2004.

[3] Markus L. Asymptotically autonomous differential systems. Contributions to the Theory of Nonlinear Oscillations III. Annals of Mathematics Studies. Princeton：Princeton University Press，1956：17-29.

第 4 章　两类具有感染率和接种率的 SIRS 模型

众所周知，在生物传染病领域接种对于预防和控制传染病的传播具有十分重要的作用，且对接种的研究是一项十分长远、重要和有意义的课题。受此启发，在计算机病毒领域，计算机接种是指给未感染病毒的但又容易受到感染的计算机（即易感机）安装最新版本的杀毒软件或安装最新的防病毒补丁。这样一来，易感染病毒的计算机通过接种之后就可以直接转化为具有抗病毒的计算机了（即免疫机），从而可以有效地避免受到计算机病毒的感染。这种接种措施对预防和控制计算机病毒的传播同样起到了举足轻重的作用，甚至可以直接应用到实际中去。可见，对计算机接种的研究具有十分重要的意义。然而，令人遗憾的是在传统的计算机病毒传播模型（尤其是前面的 SIRS 模型）中并没有充分地考虑到计算机接种对病毒传播的影响。它们只是简单地照搬生物传染病中类似的模型进行动力学行为分析，并没有考虑到接种，尤其是对一般的计算机接种行为的研究。

于是，为了研究计算机接种对计算机病毒在网络上传播的影响，结合传统经典的 SIRS 模型，本章对计算机接种进行循环深入的研究，由简单到一般，并取得一定的进展。具体工作：首先，对一类具有线性感染率和线性接种率的 SIRS 模型进行研究，得到线性接种对计算机病毒传播影响的一些结论。然后，在此基础上，又充分地结合实际，因为实际生活中计算机接种率不一定是线性的，本章研究一类具有一般非线性感染率和一般非线性接种率的 SIRS 模型。这使得对计算机接种有了更全面、更深入的理解。

4.1　一类具有线性感染率和线性接种率的 SIRS 模型

4.1.1　模型描述

该模型是在传统经典的 SIRS 模型上进行改进而得到的，由于各仓室所代表的量与预备知识中介绍的不同，为了方便后面的模型分析，故需重新定义一些符号，它们也仅限于在本节使用。

$S(t)$：在 t 时刻因特网中易感机所占的比例，简写为 S。

$I(t)$：在 t 时刻因特网中有毒机所占的比例，简写为 I。

$R(t)$：在 t 时刻因特网中免疫机所占的比例，简写为 R。

接下来，在建立模型之前，像往常一样，我们先对模型做如下一些基本假设。

（1）新联入因特网的计算机都是易感的，且它们以恒定速率 $\delta > 0$ 联入。

（2）每台内部机以单位时间概率 $\delta > 0$ 与因特网断开。

（3）每台易感机因与有毒机通信而中毒的单位时间概率为 βI，$\beta > 0$。

（4）每台有毒机因杀毒而转化为免疫机的单位时间概率为 $\gamma_1 > 0$，而因重装系统而转化为易感机的单位时间概率为 $\gamma_2 > 0$。

（5）每台易感机因安装最新版本的杀毒软件而转化为免疫机的单位时间概率为 $\alpha_1 I$，$\alpha_1 > 0$。

（6）每台免疫机因杀毒软件过期或因重装系统而转化为易感机的单位时间概率为 $\alpha_2 > 0$。

由上述假设，我们可以得到模型的状态转移图（图 4.1）和数学表示如下：

$$\begin{cases} \dot{S} = \delta - \alpha_1 SI - \delta S + \gamma_2 I - \beta SI + \alpha_2 R \\ \dot{I} = \beta SI - \gamma_2 I - \delta I - \gamma_1 I \\ \dot{R} = \gamma_1 I + \alpha_1 SI - \delta R - \alpha_2 R \end{cases} \tag{4.1}$$

其初始条件为 $S(0) \geqslant 0,\ I(0) \geqslant 0,\ R(0) \geqslant 0$。

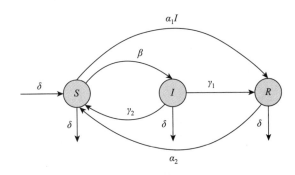

图 4.1　SIRS 模型的状态转移图

由于 $S + I + R \equiv 1$，系统（4.1）可以简化成如下平面系统：

$$\begin{cases} \dot{S} = \delta - \alpha_1 SI - \delta S + \gamma_2 I - \beta SI + \alpha_2(1 - S - I) \\ \dot{I} = \beta SI - \gamma_2 I - \delta I - \gamma_1 I \end{cases} \tag{4.2}$$

其初始条件为 $S(0) \geqslant 0,\ I(0) \geqslant 0$，正向不变集为

$$\Omega = \{(S, I) : S \geqslant 0, I \geqslant 0, S + I \leqslant 1\} \tag{4.3}$$

综上所述，我们已建好刻画计算机病毒传播行为的 SIRS 模型，下面我们就开始对它进行模型分析。

4.1.2　基本再生数及平衡点

首先，我们考虑系统（4.1）的基本再生数 R_0。根据系统（4.1）中参数的物理意义，我们有如下结论。

（1）一台有毒机从染毒到痊愈的平均时间为

$$T = \frac{1}{\gamma_1 + \gamma_2 + \delta}$$

（2）一台有毒机单位时间内的平均感染率为 β。

于是，根据基本再生数的定义，我们可得

$$R_0 = \frac{\beta}{\gamma_1 + \gamma_2 + \delta} \tag{4.4}$$

其次，我们考虑系统（4.2）的平衡点。根据平衡点的定义，我们可知当 $R_0 \leqslant 1$ 时，系统只存在一个平衡点，即无毒平衡点 $E^0(1,0)$；当 $R_0 > 1$ 时，系统存在两个平衡点，即一个无毒平衡点 $E^0(1,0)$ 和一个有毒平衡点 $E^*(S^*, I^*)$。其中，

$$S^* = \frac{\delta + \gamma_1 + \gamma_2}{\beta} = \frac{1}{R_0} \tag{4.5}$$

$$I^* = \frac{(\delta + \alpha_2)(R_0 - 1)}{\alpha_1 + (\delta + \gamma_1 + \alpha_2)R_0} \tag{4.6}$$

分析完基本再生数和系统的平衡点后，接下来我们开始研究系统平衡点的稳定性。

4.1.3 无毒平衡点的全局稳定性

定理 4.1 如果 $R_0 \leqslant 1$，则 E^0 关于 Ω 全局渐近稳定。

证明 构造李雅普诺夫函数 $V(t) = I(t)$。于是，我们有

$$\begin{aligned}
V'(t)|_{(4.2)} = \dot{I} &= \beta SI - \gamma_2 I - \delta I - \gamma_1 I \\
&= \beta I \left(S - \frac{\gamma_1 + \gamma_2 + \delta}{\beta} \right) \\
&= \beta I \left(S - \frac{1}{R_0} \right)
\end{aligned} \tag{4.7}$$

由于 $R_0 \leqslant 1$ 和 $S + I \leqslant 1$，故 $V'(t)|_{(4.2)} \leqslant 0$，且 $V'(t)|_{(4.2)} = 0$ 当且仅当 $(S, I) = (1, 0)$。因此，根据拉萨尔不变原理，命题得证。

4.1.4 有毒平衡点的全局稳定性

首先，我们考虑有毒平衡点的局部稳定性。

定理 4.2 如果 $R_0 > 1$，则 E^* 关于 Ω 局部渐近稳定。

证明　系统（4.2）在 E^* 处的线性化系统所对应的雅可比矩阵为

$$J_{E^*} = \begin{pmatrix} -\alpha_2 - \delta - (\alpha_1 + \beta)I^* & -(\alpha_2 + \gamma_1 + \delta + \alpha_1 S^*) \\ \beta I^* & 0 \end{pmatrix} \tag{4.8}$$

其特征方程为

$$\lambda^2 + k_1 \lambda + k_2 = 0 \tag{4.9}$$

式中

$$k_1 = (\alpha_1 + \beta)I^* + \alpha_2 + \delta > 0$$

$$k_2 = (\alpha_2 + \gamma_1 + \delta + \alpha_1 S^*)\beta I^* > 0$$

于是，根据赫尔维茨判据，方程（4.9）的两个根都具有负实部。

因此，根据李雅普诺夫定理[1]，命题得证。

其次，我们考虑有毒平衡点的全局稳定性。令 $\Omega' = \Omega - E^0$，则有如下定理。

定理 4.3　如果 $R_0 > 1$，则 E^* 关于 Ω' 全局渐近稳定。

证明　由系统（4.2）我们可得

$$\delta - \alpha_1 S^* I^* - \delta S^* + \gamma_2 I^* - \beta S^* I^* + \alpha_2(1 - S^* - I^*) = 0 \tag{4.10}$$

另外，

$$\frac{1}{\beta}\left(\frac{\alpha_2 - \gamma_2}{S^*} + \alpha_1\right) + 1 = \frac{1}{\beta}\left(\frac{\alpha_2 + \gamma_1 + \delta}{S^*} + \alpha_1\right) > 0 \tag{4.11}$$

构造如下李雅普诺夫函数：

$$V(t) = \int_{S^*}^{S} \frac{x - S^*}{x} \mathrm{d}x + (d+1)\int_{I^*}^{I} \frac{x - I^*}{x} \mathrm{d}x \tag{4.12}$$

式中，$d = \dfrac{1}{\beta}\left(\dfrac{\alpha_2 - \gamma_2}{S^*} + \alpha_1\right)$。则

$$V'(t)|_{(4.2)} = \left(1 - \frac{S^*}{S}\right)\dot{S} + (d+1)\left(1 - \frac{I^*}{I}\right)\dot{I}$$

$$= \left(1 - \frac{S^*}{S}\right)[\delta - \alpha_1 SI - \delta S + \gamma_2 I - \beta SI + \alpha_2(1 - S - I)]$$

$$+ (d+1)\left(1 - \frac{I^*}{I}\right)(\beta SI - \gamma_2 I - \delta I - \gamma_1 I)$$

$$= \left(1 - \frac{S^*}{S}\right)[\delta - \alpha_1 SI - \delta S + \gamma_2 I - \beta SI + \alpha_2(1 - S - I)]$$

$$+ (d+1)\left(1 - \frac{I^*}{I}\right)\left(1 - \frac{S^*}{S}\right)\beta SI$$

$$= \left(1 - \frac{S^*}{S}\right)[\alpha_1 S^* I^* - \alpha_1 SI + \delta(S^* - S) + \gamma_2(I - I^*)$$

$$+ \alpha_2(S^* - S) + \alpha_2(I^* - I) + \beta dSI + \beta dS^* I^* - \beta(d+1)SI^*]$$

$$= \left(1 - \frac{S^*}{S}\right)\Big[(S^* - S)(\alpha_1 I^* + \delta + \alpha_2 \beta I^*)$$

$$+ (I - I^*)(\beta d - \alpha_1)\left(S - \frac{\alpha_2 - \gamma_2}{\beta d - \alpha_1}\right)\Big]$$

$$= -\frac{(S^* - S)^2}{S}\left(\delta + \alpha_2 + \beta I^* - \frac{\alpha_2 - \gamma_2}{S^*}I + \frac{\alpha_2 - \gamma_2}{S^*}I^* + \alpha_1 I^*\right)$$

下面我们将分两种情况来讨论。

情况 1：当 $\alpha_2 \leqslant \gamma_2$ 时，由于 $\beta I^* + \frac{\alpha_2 - \gamma_2}{S^*}I^* = \frac{\alpha_2 + \gamma_1 + \delta}{S^*}I^* > 0$，故

$$\delta + \alpha_2 + \beta I^* - \frac{\alpha_2 - \gamma_2}{S^*}I + \frac{\alpha_2 - \gamma_2}{S^*}I^* + \alpha_1 I^* > 0 \qquad (4.13)$$

情况 2：当 $\alpha_2 > \gamma_2$ 时，从式（4.10）我们可得

$$\left(\delta + \alpha_2 + \beta I^* + \frac{\alpha_2 - \gamma_2}{S^*}I^* + \alpha_1 I^*\right)\frac{S^*}{\alpha_2 - \gamma_2}$$

$$= \left(\delta + \alpha_2 + \beta I^* + \frac{\alpha_2 - \gamma_2}{S^*}I^* + \alpha_1 I^*\right)\frac{S^*}{\alpha_2 - \gamma_2}$$

$$+ [\delta - \alpha_1 S^* I^* - \delta S^* + \gamma_2 I^* - \beta S^* I^* + \alpha_2(1 - S^* - I^*)]\frac{1}{\alpha_2 - \gamma_2}$$

$$= \frac{\delta + \alpha_2}{\alpha_2 - \gamma_2} > 1 > I \qquad (4.14)$$

于是，我们有

$$\delta + \alpha_2 + \beta I^* - \frac{\alpha_2 - \gamma_2}{S^*}I + \frac{\alpha_2 - \gamma_2}{S^*}I^* + \alpha_1 I^* > 0 \qquad (4.15)$$

综上所述，我们总有 $V'(t)|_{(4.2)} \leqslant 0$ 且 $V'(t)|_{(4.2)} = 0$ 当且仅当 $(S, I) = (S^*, I^*)$。因此，根据拉萨尔不变原理[1]，命题得证。

4.1.5　数值实验

下面我们将给出两个具体实例来分别说明定理 4.1 和定理 4.3，其数值实验结果分别如图 4.2 和图 4.3 所示。

例 4.1　考虑给定参数 $\beta=0.3$，$\delta=0.1$，$\alpha_1=0.2$，$\alpha_2=0.4$，$\gamma_1=0.1$，$\gamma_2=0.2$ 的系统（4.2）。由式（4.4）可知 $R_0=0.75<1$。于是，根据定理 4.1，无毒平衡点是全局渐近稳定的。图 4.2 给出了该系统在初始条件 $(S(0),I(0))=(0.5,0.4)$ 下随时间演化的情况。从图 4.2 中可以看出两条曲线的数值最终都趋于定值，且一条趋于零。这与定理 4.1 是相符的。同时，这也表明有毒机的数量在低于某个阈值时，计算机病毒最终会自动灭亡。

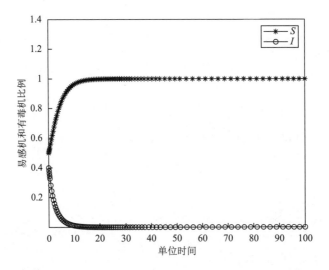

图 4.2　初始条件 $S(0)=0.5$，$I(0)=0.4$，参数 $\beta=0.3$，$\delta=0.1$，$\alpha_1=0.2$，$\alpha_2=0.4$，$\gamma_1=0.1$，$\gamma_2=0.2$ 时，系统中 $S(t)$ 和 $I(t)$ 的演化行为

例 4.2　考虑给定参数 $\beta=0.3$，$\delta=0.1$，$\alpha_1=0.2$，$\alpha_2=0.4$，$\gamma_1=0.1$，$\gamma_2=0.05$ 的系统（4.2）。由式（4.4）可知 $R_0=1.2>1$。于是，根据定理 4.3，有毒平衡点是全局渐近稳定的。图 4.3 给出了该系统在初始条件 $(S(0),I(0))=$

(0.5,0.4) 下随时间演化的情况。从图 4.3 中可以看出两条曲线的数值最终都趋于定值，且都不为零。这与定理 4.3 是相符的。同时，这也表明有毒机的数量在高于某个阈值时，计算机病毒最终会长期存在。

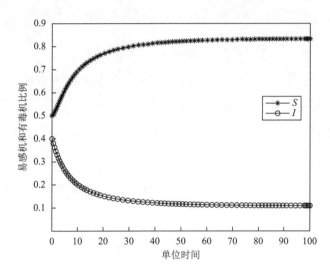

图 4.3　初始条件 $S(0) = 0.5$，$I(0) = 0.4$，参数 $\beta = 0.3$，$\delta = 0.1$，$\alpha_1 = 0.2$，$\alpha_2 = 0.4$，$\gamma_1 = 0.1$，$\gamma_2 = 0.05$ 时，系统中 $S(t)$ 和 $I(t)$ 的演化行为

4.2　一类具有一般非线性感染率和一般非线性接种率的 SIRS 模型

4.2.1　模型描述

上面我们研究了一类具有线性感染率和线性接种率的 SIRS 模型，线性感染率的假设在有毒机比例很小时才合理，而线性接种率假设只考虑了易感机随着有毒机进行线性增长接种，而在现实生活中，这两种假设都有可能存在局限性。于是，在此基础上，我们研究一类具有一般非线性感染率和一般非线性接种率的 SIRS 模型。

首先，让我们介绍该模型的一些基本假设。

（1）新联入因特网的计算机都是无毒的，且它们以恒定速率 $b>0$ 联入。其中，$(1-p)b$ 是易感机，pb 是免疫机，$0 \leqslant p \leqslant 1$。

（2）每台内部机以单位时间概率 μ 与因特网断开。

（3）每台易感机因与有毒机通信而中毒的单位时间概率为 $\dfrac{\beta I}{h(I)}$。其中，$\beta>0$，$h(I)$ 是连续可微函数，且 $h(0)=1$，$h'(I) \geqslant 0$。

（4）每台有毒机因杀毒而转化为免疫机的单位时间概率为 $\gamma_1>0$，而因重装系统而转化为易感机的单位时间概率为 $\gamma_2>0$。

（5）每台易感机因安装最新版本的杀毒软件而转化为免疫机的单位时间概率为 $\alpha_1 f(I)$，$\alpha_1>0$。

（6）每台免疫机因杀毒软件过期或因重装系统而转化为易感机的单位时间概率为 $\alpha_2>0$。

由上述假设，我们可以得到模型的状态转移图（图 4.4）和数学表示如下：

$$\begin{cases} \dot{S} = (1-p)b - \mu S - \dfrac{\beta SI}{h(I)} - \alpha_1 f(I)S + \gamma_2 I + \alpha_2 R \\ \dot{I} = \dfrac{\beta SI}{h(I)} - \mu I - \gamma_1 I - \gamma_2 I \\ \dot{R} = pb - \mu R - \alpha_2 R + \alpha_1 f(I)S + \gamma_1 I \end{cases} \tag{4.16}$$

其初始条件为 $(S(0), I(0), R(0)) \in \mathbb{R}_+^3$。

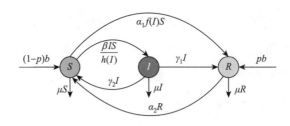

图 4.4　新模型的状态转移图

4.2.2　基本再生数及平衡点

首先，我们考虑系统（4.16）的基本再生数 R_0。利用文献[2]中的计算方法，我们很容易得到

$$R_0 = \frac{\beta b(\mu + \alpha_2 - \mu p)}{\mu(\mu + \alpha_1 + \alpha_2)(\mu + \gamma_1 + \gamma_2)} \qquad (4.17)$$

其次，我们考虑系统（4.16）的平衡点。根据平衡点的定义，我们很容易通过计算得知系统（4.16）始终存在无毒平衡点 $E^0(S^0, 0, R^0)$。其中，

$$\begin{cases} S^0 = \dfrac{b(\mu + \alpha_2 - \mu p)}{\mu(\mu + \alpha_1 + \alpha_2)} \\[3mm] R^0 = \dfrac{b(\alpha_1 + \mu p)}{\mu(\mu + \alpha_1 + \alpha_2)} \end{cases} \qquad (4.18)$$

下面我们将考虑系统（4.16）有毒平衡点的情况。

引理 4.1　如果 $R_0 > 1$，则系统（4.16）存在唯一的有毒平衡点 $E^*(S^*, I^*, R^*)$。

证明　根据平衡点的定义，系统（4.16）的所有有毒平衡点都满足下列方程组。

$$\begin{cases} (1-p)b - \mu S - \dfrac{\beta SI}{h(I)} - \alpha_1 f(I)S + \gamma_2 I + \alpha_2 R = 0 \\[3mm] \dfrac{\beta SI}{h(I)} - \mu I - \gamma_1 I - \gamma_2 I = 0 \\[3mm] pb - \mu R - \alpha_2 R + \alpha_1 f(I)S + \gamma_1 I = 0 \end{cases} \qquad (4.19)$$

式中，$I \neq 0$。

简化上述方程组，我们可得

$$\begin{cases} (1-p)b - \mu S - (\mu + \gamma_1)I - \alpha_1 f(I)S + \alpha_2 R = 0 \\[3mm] S = \dfrac{\mu + \gamma_1 + \gamma_2}{\beta} h(I) \\[3mm] R = \dfrac{b}{\mu} - S - I \end{cases} \qquad (4.20)$$

再把式（4.20）中的 S 和 R 代入第一个方程，我们有

$$pb+(\mu+\alpha_2)\left(I+\frac{\mu+\gamma_1+\gamma_2}{\beta}h(I)-\frac{b}{\mu}\right)+\gamma_1 I+\alpha_1 f(I)\frac{\mu+\gamma_1+\gamma_2}{\beta}h(I)=0$$

令

$$F(I):=pb+(\mu+\alpha_2)\left(I+\frac{\mu+\gamma_1+\gamma_2}{\beta}h(I)-\frac{b}{\mu}\right)+\gamma_1 I$$
$$+\alpha_1 f(I)\frac{\mu+\gamma_1+\gamma_2}{\beta}h(I) \tag{4.21}$$

由于 $h(0)=1$, $h'(I)\geqslant 0$, $f(0)=1$, $f'(I)\geqslant 0$ 和 $R_0>1$，故

$$\begin{cases} F'(I)>0 \\ \lim\limits_{I\to\infty}F(I)=+\infty \\ F(0)=\dfrac{(\mu+\alpha_1+\alpha_2)(\mu+\gamma_1+\gamma_2)}{\beta}(1-R_0)<0 \end{cases} \tag{4.22}$$

因此，函数 $F(I)$ 存在唯一的正零解，命题得证。

注意到 $S+I+R=N$，为了方便证明平衡点的全局稳定性，接下来我们考虑系统（4.16）的等价系统：

$$\begin{cases} \dot{N}=b-\mu N \\ \dot{I}=\dfrac{\beta(N-I-R)I}{h(I)}-(\mu+\gamma_1+\gamma_2)I \\ \dot{R}=pb-(\mu+\alpha_2)R+\alpha_1 f(I)(N-I-R)+\gamma_1 I \end{cases} \tag{4.23}$$

其初始条件为 $(N(0),I(0),R(0))\in\mathbb{R}_+^3$，正向不变集为

$$\Omega=\left\{(N,I,R)\in\mathbb{R}_+^3:R+I\leqslant N\leqslant\frac{b}{\mu}\right\} \tag{4.24}$$

4.2.3　无毒平衡点的全局稳定性

定理4.4　如果 $R_0\leqslant 1$，那么 E^0 全局渐近稳定。

证明　令 $x=N-\dfrac{b}{\mu},y=I,z=R-R^0$，则系统（4.23）可以转化为

$$\begin{cases} \dot{x} = -\mu x \\ \dot{y} = \dfrac{\beta y}{h(y)}(x - y - z + S^0) - (\mu + \gamma_1 + \gamma_2)y \\ \dot{z} = -(\mu + \alpha_2)z + \gamma_1 y + \alpha_1 f(y)(x - y - z + S^0) - \alpha_1 S^0 \end{cases} \quad (4.25)$$

考虑如下李雅普诺夫函数：

$$V = \frac{\alpha_2}{8\mu}x^2 + \frac{\gamma_1}{\beta}\int_0^y h(u)\mathrm{d}u + \frac{\alpha_1 S^0}{\beta}\int_0^y \frac{h(u)[f(u) - 1]}{u}\mathrm{d}u \\ + \frac{\alpha_1}{\beta}\int_0^y f(u)h(u)\mathrm{d}u + \frac{1}{2}(x - z)^2 \quad (4.26)$$

于是，我们有

$$\begin{aligned} \dot{V}\big|_{(4.25)} &= \frac{\alpha_2}{4\mu}\dot{x}x + \frac{\gamma_1}{\beta}h(y)\dot{y} + \frac{\alpha_1 S^0}{\beta}\frac{h(y)[f(y) - 1]}{y}\dot{y} \\ &\quad + \frac{\alpha_1}{\beta}f(y)h(y)\dot{y} + (x - z)(\dot{x} - \dot{z}) \\ &= -\mu(x - z)^2 - \alpha_2\left(\frac{x}{2} - z\right)^2 - \frac{\gamma_1(\mu + \gamma_1 + \gamma_2)y}{\beta}[h(y) - R_0] \\ &\quad - \alpha_1 S^0[f(y) - 1]y - \frac{\alpha_1 S^0[f(y) - 1](\mu + \gamma_1 + \gamma_2)}{\beta}[h(y) - R_0] - \gamma_1 y^2 \\ &\quad - \alpha_1 f(y)(x - y - z)^2 - \frac{\alpha_1 y f(y)(\mu + \gamma_1 + \gamma_2)}{\beta}[h(y) - R_0] \\ &\leqslant 0 \end{aligned}$$

且 $\dot{V}\big|_{(4.25)} = 0$ 当且仅当 $(x, y, z) = (0, 0, 0)$，即 $(S, I, R) = E^0$。

因此，根据拉萨尔不变原理，命题得证。

4.2.4 有毒平衡点的全局稳定性

首先，我们给出一个有助于研究有毒平衡点全局稳定性的引理。

引理 4.2 假设 $R_0 > 1$。对 $y \in (-I^*, +\infty)$，令

$$V_1(y) = \int_{I^*}^{y + I^*} \frac{h(u)(u - I^*)}{u}\mathrm{d}u$$

$$V_2(y) = \int_{I^*}^{y+I^*} \frac{h(u)f(u)(u-I^*)}{u}\,\mathrm{d}u$$

$$V_3(y) = \int_{I^*}^{y+I^*} \frac{h(u)[f(u)-f(I^*)]}{u}\,\mathrm{d}u$$

$$V_4(y) = y[h(y+I^*)-h(I^*)]$$

$$V_5(y) = y[f(y+I^*)-f(I^*)]$$

$$V_6(y) = [f(y+I^*)-f(I^*)][h(y+I^*)-h(I^*)]$$

则 $V_i(y) \geqslant 0, i=1,2,\cdots,6$ ，且 $V_i(y)=0$ 当且仅当 $y=0$ 。

证明　这里我们只给出关于 $V_1(y)$ 的证明，其他的证明与此类似，为了简洁，故省略。

注意到

$$\frac{\mathrm{d}V_1(y)}{\mathrm{d}y} = \frac{h(y+I^*)y}{y+I^*}, \quad y \in (-I^*,+\infty)$$

故 $V_1(y)$ 在区间 $(-I^*,0]$ 上单调递减，在区间 $(0,+\infty)$ 上单调递增，且 $V_1(0)=0$ 。因此，命题得证。

接下来，我们将考虑有毒平衡点的全局稳定性。

定理 4.5　如果 $R_0 > 1$ ，则 E^* 全局渐近稳定。

证明　令 $x=N-\dfrac{b}{\mu}$, $y=I-I^*$, $z=R-R^*$ ，重写系统（4.23）为

$$\begin{cases} \dot{x} = -\mu x \\ \dot{y} = \dfrac{\beta(y+I^*)}{h(y+I^*)}\left\{ x-y-z-\dfrac{S^*}{h(I^*)}[h(y+I^*)-h(I^*)] \right\} \\ \dot{z} = -(\mu+\alpha_2)z+\gamma_1 y+\alpha_1 f(y+I^*)(x-y-z+S^*)-\alpha_1 f(I^*)S^* \end{cases} \quad (4.27)$$

考虑如下李雅普诺夫函数：

$$V = \frac{\alpha_2}{8\mu}x^2 + \frac{\gamma_1}{\beta}V_1(y) + \frac{\alpha_1}{\beta}V_2(y) + \frac{\alpha_1 S^*}{\beta}V_3(y) + \frac{1}{2}(x-z)^2 \quad (4.28)$$

于是，我们可得

$$\dot{V}\big|_{(4.27)} = \frac{\alpha_2}{4\mu}\dot{x}x + \frac{\gamma_1}{\beta}\frac{\mathrm{d}V_1(y)}{\mathrm{d}y}\dot{y} + \frac{\alpha_1}{\beta}\frac{\mathrm{d}V_2(y)}{\mathrm{d}y}\dot{y} + \frac{\alpha_1 S^*}{\beta}\frac{\mathrm{d}V_3(y)}{\mathrm{d}y}\dot{y} + (x-z)(\dot{x}-\dot{z})$$

$$
\begin{aligned}
=&-\mu(x-z)^2-\alpha_2\left(\frac{x}{2}-z\right)^2-\frac{\gamma_1 S^*}{h(I^*)}V_4(y)-\frac{\alpha_1 S^* f(y+I^*)}{h(I^*)}V_4(y)\\
&-\alpha_1 f(y+I^*)(x-y-z)^2-\gamma_1 y^2-\alpha_1 S^* V_5(y)-\frac{\alpha_1 S^{*2}}{h(I^*)}V_6(y)
\end{aligned}
$$

$$\leqslant 0$$

且 $\dot{V}\big|_{(4.27)}=0$ 当且仅当 $(x,y,z)=(0,0,0)$，即 $(S,I,R)=E^*$。

因此，根据拉萨尔不变原理，命题得证。

4.2.5　数值实验

本节将用两个具体实例来分别说明定理 4.4 和定理 4.5，其数值实验结果分别如图 4.5 和图 4.6 所示。

例 4.3　考虑给定参数 $p=0.3$，$b=5$，$\mu=0.01$，$\beta=0.00004$，$\alpha_1=0.002$，$\alpha_2=0.03$，$\gamma_1=0.008$，$\gamma_2=0.002$，$f(I)=I+1$，$h(I)=I^2+1$ 的系统（4.16）。由式（4.17）可知 $R_0=0.881<1$。于是，根据定理 4.4，无毒平衡点全局渐近稳定。在初始条件 $(S(0),I(0),R(0))=(480,10,10)$ 时，图 4.5（a）和（b）分别给出了该系统随时间演化的时序图与相图，且它们的数值实验结果也与定理 4.4 相符。

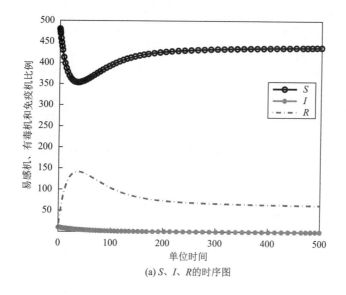

(a) S、I、R 的时序图

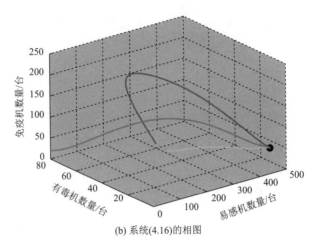

(b) 系统(4.16)的相图

图 4.5　例 4.3 中系统（4.16）的演化行为

例 4.4　考虑给定参数 $p = 0.3$，$b = 5$，$\mu = 0.01$，$\beta = 0.006$，$\alpha_1 = 0.001$，$\alpha_2 = 0.03$，$\gamma_1 = 0.008$，$\gamma_2 = 0.002$，$f(I) = I + 1$，$h(I) = I + 1$ 的系统（4.16）。由式（4.17）可知 $R_0 = 135.3659 > 1$。于是，根据定理 4.5，有毒平衡点全局渐近稳定。在初始条件 $(S(0), I(0), R(0)) = (450, 10, 40)$ 时，图 4.6（a）和（b）分别给出了该系统随时间演化的时序图与相图，且它们的数值实验结果也与定理 4.5 相符。

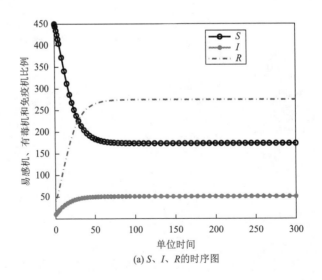

(a) S、I、R 的时序图

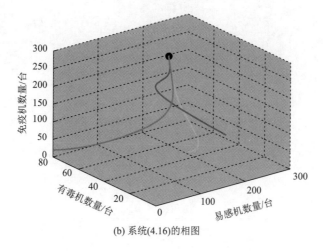

(b) 系统(4.16)的相图

图 4.6　例 4.4 中系统（4.16）的演化行为

4.3　控 制 讨 论

前面分别对两类具有接种率和感染率的 SIRS 模型进行了理论和数值分析。本节将要对如何控制计算机病毒在网络上的快速传播进行讨论。

不难看出，两类具有接种率和感染率的 SIRS 模型都具有两个平衡点，且平衡点的全局稳定性依赖基本再生数的取值，数值结果和理论结果也相吻合。这也表明了计算机病毒的最终消亡或长期存在于网络是取决于阈值基本再生数的。于是，我们可以将如何控制计算机病毒的传播的问题转化为对基本再生数取值进行控制的研究，使得基本再生数的取值尽可能地小于控制阈值 1。

由于模型（4.16）比模型（4.1）更具有一般性，同时，也为了研究一般非线性感染率和一般非线性接种率对计算机病毒传播的影响，接下来我们的控制讨论只围绕模型（4.16）来展开。

首先，我们对模型（4.16）中的基本再生数 R_0 进行敏感性分析，可以得到如下结论。

定理 4.6　考虑方程（4.17），则

$$\frac{\partial R_0}{\partial \beta} > 0, \quad \frac{\partial R_0}{\partial \gamma_1} < 0, \quad \frac{\partial R_0}{\partial \gamma_2} < 0, \quad \frac{\partial R_0}{\partial \alpha_1} < 0, \quad \frac{\partial R_0}{\partial \alpha_2} > 0, \quad \frac{\partial R_0}{\partial \mu} < 0$$

证明　注意到

$$R_0 = \frac{\beta b(\mu + \alpha_2 - \mu p)}{\mu(\mu + \alpha_1 + \alpha_2)(\mu + \gamma_1 + \gamma_2)}$$

于是，前面四个不等式很容易得到验证。接下来，我们只考虑后两个不等式。其中，

$$\frac{\partial R_0}{\partial \alpha_2} = \frac{\beta b(\alpha_1 + p\mu)}{\mu(\gamma_1 + \gamma_2 + \mu)(\alpha_1 + \alpha_2 + \mu)^2} > 0$$

和

$$\begin{aligned}
\frac{\partial R_0}{\partial \mu} = &-\frac{\beta b(1-p)(\alpha_1 + \alpha_2 + \gamma_1 + \gamma_2 + 2\mu)}{(\alpha_1 + \alpha_2 + \mu)^2(\gamma_1 + \gamma_2 + \mu)^2} \\
&-\frac{\beta b\alpha_2[(\alpha_1 + \alpha_2 + 2\mu)(\gamma_1 + \gamma_2 + \mu) + \mu(\mu + \alpha_1 + \alpha_2)]}{\mu^2(\alpha_1 + \alpha_2 + \mu)^2(\gamma_1 + \gamma_2 + \mu)^2} \\
&< 0
\end{aligned}$$

因此，命题得证。

图 4.7～图 4.9 给出了参数对 R_0 的影响，这与定理 4.6 是相符的。

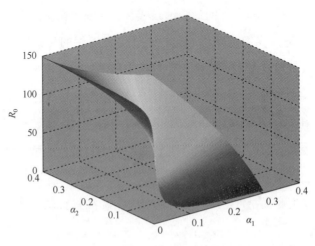

图 4.7　参数 α_1 和 α_2 对 R_0 的影响

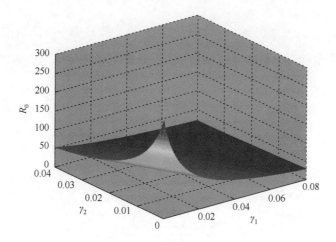

图 4.8　参数 γ_1 和 γ_2 对 R_0 的影响

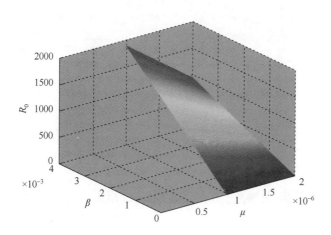

图 4.9　参数 μ 和 β 对 R_0 的影响

定理 4.6 表明通过调整系统参数，可以控制基本再生数 R_0 的数值，从而达到控制计算机病毒传播的目的。

其次，为了研究非线性感染率和非线性接种率对计算机病毒传播的影响，我们做了如下的对比数值实验（图 4.10）。

例 4.5　考虑给定参数 $p = 0.3$，$b = 5$，$\mu = 0.01$，$\beta = 0.006$，$\alpha_1 = 0.001$，$\alpha_2 = 0.03$，$\gamma_1 = 0.008$，$\gamma_2 = 0.002$ 和初始条件 $(S(0), I(0), R(0)) = (450, 10, 40)$

的系统（4.16）。图 4.10 给出了在不同感染率和接种率下有毒机数量的变化图。从中不难看出一般的非线性接种率对计算机病毒传播的控制更有效。

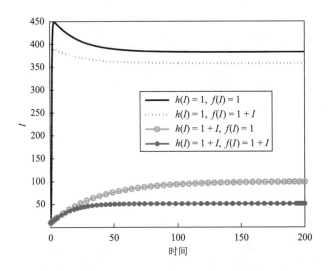

图 4.10　例 4.5 中系统（4.16）不同感染率和接种率对有毒机数量的影响

4.4　本　章　小　结

本章对两类具有接种率和感染率的 SIRS 模型进行了理论和数值分析。主要结论如下所示。

4.1 节研究了一类具有线性感染率和线性接种率的 SIRS 模型。当基本再生数 $R_0 \leqslant 1$（$R_0 > 1$）时，无毒（有毒）平衡点全局渐近稳定。数值实验结果也与该结论相吻合。

在 4.1 节内容的基础上，4.2 节研究了一类具有一般非线性感染率和一般非线性接种率的 SIRS 模型。当基本再生数 $R_0 \leqslant 1$（$R_0 > 1$）时，无毒（有毒）平衡点全局渐近稳定。数值实验结果也与该结论相吻合。4.3 节对基本再生数进行了敏感性分析，表明通过调整系统参数可以达到控制计算机病毒传播的目的。除此之外，不同的感染率和不同的接种率对计算机病毒传播的影响也通过数值实验给出。

参 考 文 献

[1]　Robinson R C. An Introduction to Dynamical Systems：Continuous and Discrete. New York：Prentice Hall，2004.

[2]　Heffernan J M，Smith R J，Wahl L M. Perspectives on the basic reproductive ratio. Journal of the Royal Society Interface，2005，2（4）：281-293.

第5章 两类具有移动存储介质感染率的SIRS 和 SLBRS 模型

存储介质是指存储数据信息的一种载体。不言而喻，移动存储介质就是便于存储数据信息的载体。它具有体积小、容量大、便于携带、即插即用等明显优点。在人们生活工作中，经常会用到的移动存储介质主要有软盘、光盘、U盘、移动硬盘、存储卡等。随着计算机硬件和软件技术的不断发展，移动存储介质的优点更加明显，价格也明显降低，现如今已经得到了广泛的应用。然而，凡事有利必有弊。一方面，移动存储介质的确给人们的工作、生活带来了许许多多的便利，有利于提高工作效率，更重要的是极大地方便了数据信息的交互；但是，从另一方面来看，有个不能被忽视的问题是，它也极大地促进了计算机病毒的传播，这很有可能会给现代社会造成严重的经济损失。一个不争的事实就是移动存储介质成了继互联网之后计算机病毒传播的第二条重要的渠道。事实上，国家计算机病毒应急处理中心每年都会发布计算机和移动终端病毒疫情的调查活动报告。由此可以看出研究移动存储介质对计算机病毒传播的影响是具有重要意义的。

但令人遗憾的是，目前关于移动存储介质对计算机病毒传播的影响的研究工作却相当得少。基于此，本章着重研究两类具有移动存储介质感染率的计算机病毒传播模型。具体而言，一类是基于外部有毒计算机影响的 SIRS 模型，这类模型同时考虑了接种、外部有毒机联网、移动存储介质对计算机病毒传播的影响；另一类是基于杀毒软件影响的 SLBRS 模型，这类模型同时考虑了接种、杀毒软件、移动存储介质对计算机病毒传播的影响。

5.1　一类基于外部有毒机影响的 SIRS 模型

5.1.1　模型描述

首先，我们介绍模型的一些基本假设。

（1）外部机以恒定速率 $b>0$ 联入因特网。其中，qb 是有毒机，pb 是免疫机，$(1-p-q)b$ 是易感机，$p,q>0$。

（2）每台内部机以单位时间概率 $\mu>0$ 与因特网断开。

（3）每台易感机因与有毒机通信而中毒的单位时间概率为 $\beta>0$。

（4）每台有毒机因杀毒而转化为免疫机的单位时间概率为 $\gamma_1>0$，而因重装系统而转化为易感机的单位时间概率为 $\gamma_2>0$。

（5）每台易感机因安装最新杀毒软件而转化为免疫机的单位时间概率为 α_1，$\alpha_1>0$。

（6）每台免疫机因杀毒软件过期或因重装系统而转化为易感机的单位时间概率为 $\alpha_2>0$。

（7）每台易感机因有毒移动存储设备而中毒的单位时间概率为 $\theta\geqslant0$。

根据上述假设，我们不仅可以得到相应的状态转移图（图 5.1），还可以用下列数学表达式来表示。

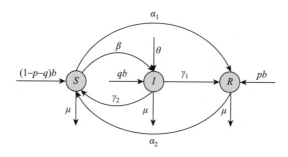

图 5.1　SIRS 模型的状态转移图

$$\begin{cases} \dot{S} = (1-p-q)b - \mu S - \theta S - \beta SI - \alpha_1 S + \gamma_2 I + \alpha_2 R \\ \dot{I} = qb + \beta SI + \theta S - \mu I - \gamma_1 I - \gamma_2 I \\ \dot{R} = pb + \alpha_1 S + \gamma_1 I - \mu R - \alpha_2 R \end{cases} \tag{5.1}$$

其初始条件为 $(S(0), I(0), R(0)) \in \mathbb{R}_+^3$。

注意到 $S + I + R = N$，式（5.1）可以转化为下列等价系统：

$$\begin{cases} \dot{N} = b - \mu N \\ \dot{I} = qb + \beta I(N-I-R) + \theta(N-R) - (\mu + \gamma_1 + \gamma_2 + \theta)I \\ \dot{R} = pb + \alpha_1 N + (\gamma_1 - \alpha_1)I - (\mu + \alpha_1 + \alpha_2)R \end{cases} \tag{5.2}$$

其初始条件为 $(N(0), I(0), R(0)) \in \mathbb{R}_+^3$。

令 $N^* = \dfrac{b}{\mu}$。求解式（5.2）中的第一个方程，我们有

$$N = N^* + (N(0) - N^*)\mathrm{e}^{-\mu t} \tag{5.3}$$

由式（5.3）可知：$\lim\limits_{t \to +\infty} N(t) = N^*$。

于是，式（5.2）可以简化为下列极限系统[1]：

$$\begin{cases} \dot{I} = qb + \beta I(N^*-I-R) + \theta(N^*-R) - (\mu + \gamma_1 + \gamma_2 + \theta)I \\ \dot{R} = pb + \alpha_1 N^* + (\gamma_1 - \alpha_1)I - (\mu + \alpha_1 + \alpha_2)R \end{cases} \tag{5.4}$$

显然，式（5.4）的正不变区间为

$$\Omega = \{(I,R) \in \mathbb{R}_+^2 : I + R \leqslant N^*\} \tag{5.5}$$

接下来，我们将对式（5.4）进行数学分析。

5.1.2　平衡点

由于外部有毒机联入因特网，且有毒移动设备也会使计算机中毒，这都意味着因特网始终存在有毒机，故该模型不存在无毒平衡点和基本再生数。下列引理也证明了这点。

记

$$w_0 = qb\mu(\mu + \alpha_1 + \alpha_2) + \theta b[\mu(1-p) + \alpha_2]$$

$$w_1 = \beta\mu(\mu + \gamma_1 + \alpha_2)$$

$$w_2 = \beta b[\mu(1-p) + \alpha_2] - \theta\mu(\mu + \gamma_1 + \alpha_2) - \mu(\mu + \gamma_1 + \gamma_2)(\mu + \alpha_1 + \alpha_2)$$

引理 5.1　式（5.4）没有无毒平衡点，只有唯一的有毒平衡点 $E^*(I^*, R^*)$。式中

$$I^* = \frac{w_2 + \sqrt{w_2^2 + 4w_1 w_0}}{2w_1}$$

$$R^* = \frac{b(\mu p + \alpha_1)}{\mu(\mu + \alpha_1 + \alpha_2)} + \frac{\gamma_1 - \alpha_1}{\mu + \alpha_1 + \alpha_2} I^*$$

证明　假设 $(\tilde{I}, \tilde{R})$ 是式（5.4）的一个平衡点，则

$$\begin{cases} qb + \beta\tilde{I}(N^* - \tilde{I} - \tilde{R}) + \theta(N^* - \tilde{R}) - (\mu + \gamma_1 + \gamma_2 + \theta)\tilde{I} = 0 \\ pb + \alpha_1 N^* + (\gamma_1 - \alpha_1)\tilde{I} - (\mu + \alpha_1 + \alpha_2)\tilde{R} = 0 \end{cases} \tag{5.6}$$

求解式（5.6），我们可得 $\tilde{I} = I^*$，$\tilde{R} = R^*$。因此，命题得证。

5.1.3　有毒平衡点的局部稳定性

引理 5.1 表明式（5.4）只存在一个平衡点，且是有毒平衡点。下面我们将讨论该平衡点的局部稳定性。

定理 5.1　E^* 关于 Ω 局部渐近稳定。

证明　式（5.4）在 E^* 处的线性化系统所对应的雅可比矩阵为

$$J_{E^*} = \begin{pmatrix} \beta(N^* - I^* - R^*) - \beta I^* - (\mu + \gamma_1 + \gamma_2 + \theta) & -\beta I^* - \theta \\ \gamma_1 - \alpha_1 & -(\mu + \alpha_1 + \alpha_2) \end{pmatrix} \tag{5.7}$$

其特征方程为

$$\lambda^2 + k_1\lambda + k_2 = 0 \tag{5.8}$$

式中

$$k_1 = \beta I^* + \theta + \mu + \gamma_1 + \gamma_2 - \beta(N^* - I^* - R^*) + \mu + \alpha_1 + \alpha_2$$

$$k_2 = [\beta I^* + \theta + \mu + \gamma_1 + \gamma_2 - \beta(N^* - I^* - R^*)](\mu + \alpha_1 + \alpha_2) + (\beta I^* + \theta)(\gamma_1 - \alpha_1)$$

$$= (\beta I^* + \theta)(\mu + \gamma_1 + \alpha_2) + [\mu + \gamma_1 + \gamma_2 - \beta(N^* - I^* - R^*)](\mu + \alpha_1 + \alpha_2)$$

由式（5.5）和式（5.6），我们有

$$I^* + R^* \leqslant N^*$$

$$qb + \beta I^*(N^* - I^* - R^*) + \theta(N^* - R^*) - (\mu + \gamma_1 + \gamma_2 + \theta)I^* = 0$$

从而，$\mu + \gamma_1 + \gamma_2 - \beta(N^* - I^* - R^*) > 0$。于是，$k_1, k_2 > 0$。

因此，根据赫尔维茨判据，式（5.8）的两个根都具有负实部，进而根据李雅普诺夫定理，命题得证。

5.1.4 有毒平衡点的全局稳定性

定理 5.1 表明式（5.4）中的有毒平衡点是局部渐近稳定的。下面我们将讨论该平衡点的全局稳定性。首先，我们介绍两个有用的引理。

引理 5.2 式（5.4）不存在位于 Ω 内部的周期轨道。

证明 记

$$G(I,R) = qb + \beta I(N^* - I - R) + \theta(N^* - R) - (\mu + \gamma_1 + \gamma_2 + \theta)I$$

$$H(I,R) = pb + \alpha_1 N^* + (\gamma_1 - \alpha_1)I - (\mu + \alpha_1 + \alpha_2)R$$

构造杜拉克函数

$$B(I,R) = \frac{1}{I}$$

于是，我们有

$$\frac{\partial(BG)}{\partial I} + \frac{\partial(BH)}{\partial R} = -\frac{qb}{I^2} - \beta - \frac{\theta(N^* - R)}{I^2} - \frac{\mu + \alpha_1 + \alpha_2}{I} < 0$$

因此，根据本迪克松-杜拉克判据[2]，命题得证。

引理 5.3 式（5.4）不存在经过 Ω 边界的周期轨道。

证明 假设 $(\bar{I}, \bar{R})$ 是 Ω 边界上的任意一个点。根据式（5.5），Ω 的边界存在下列三种情况。

情况 1：$0 \leqslant \bar{I} \leqslant N^*, \bar{R} = 0$。则 $\dot{R}|_{(\bar{I}, \bar{R})} = pb + \alpha_1 N^* + (\gamma_1 - \alpha_1)I > 0$。

情况 2：$0 < \bar{R} < N^*, \bar{I} = 0$。则 $\dot{I}|_{(\bar{I}, \bar{R})} = qb + \theta(N^* - R) > 0$。

情况 3：$\bar{I} + \bar{R} = N^*$。则

$$\left.\frac{\mathrm{d}(I+R)}{\mathrm{d}t}\right|_{(\bar{I},\bar{R})}=-(1-p-q)b-\alpha_2 R-\gamma_2 I<0$$

因此，综上所述，式（5.4）不存在经过 Ω 边界的周期轨道。

定理 5.2　E^* 关于 Ω 全局渐近稳定。

证明　结合定理 5.1 和引理 5.1～引理 5.3，根据广义庞加莱-本迪克松定理，我们可得 E^* 关于 Ω 全局渐近稳定。

5.1.5　数值实验

在介绍具体的实例之前，我们先介绍实验的相关情况。因为本实验与前面的实验不同，它按照 5.1.1 节中的假设构造了一个真实的网络，且其结果也与数值实验结果进行了对比。

在本实验中，我们把计算机视作节点。$S_e(k)$、$I_e(k)$、$R_e(k)$ 分别代表在离散时间 $k\in\mathbb{Z}_+$ 易感节点、有毒节点和免疫节点的数量。$s_i(k)$ 表示 i 节点在 k 时刻的状态，其中包括易感的（susceptible）、有毒的（infected）和免疫的（recovered）。

现在，让我们介绍网络的迭代规则。

（1）k 时刻网络中的节点在 $k+1$ 时刻将要离开的概率为 μ。

（2）k 时刻网络外有 b 个节点在 $k+1$ 时刻将要联入网络。其中，包含 $(1-p-q)b$ 个易感节点、qb 个有毒节点和 pb 个免疫节点。

（3）节点 i 在 k 时刻是易感节点，且 $k+1$ 时刻不离开网络，则它在 $k+1$ 时刻的状态及相应的概率如下所示。

$$s_i(k+1)=\begin{cases}\text{susceptible,} & \text{概率为}\,1-\beta I_e(k)-\theta-\alpha_1\\ \text{infected,} & \text{概率为}\,\beta I_e(k)+\theta\\ \text{recovered,} & \text{概率为}\,\alpha_1\end{cases}$$

（4）节点 i 在 k 时刻是有毒节点，且 $k+1$ 时刻不离开网络，则它在 $k+1$ 时刻的状态及相应的概率如下所示。

$$s_i(k+1) = \begin{cases} \text{susceptible}, & \text{概率为 } \gamma_2 \\ \text{infected}, & \text{概率为 } 1 - \gamma_1 - \gamma_2 \\ \text{recovered}, & \text{概率为 } \gamma_1 \end{cases}$$

（5）节点 i 在 k 时刻是免疫节点，且 $k+1$ 时刻不离开网络，则它在 $k+1$ 时刻的状态如下所示。

$$s_i(k+1) = \begin{cases} \text{susceptible}, & \text{概率为 } \alpha_2 \\ \text{recovered}, & \text{概率为 } 1 - \alpha_2 \end{cases}$$

接下来，我们将介绍依据上述网络迭代规则的几个具体实例。其中，网络总节点数设为 500 个，式（5.1）中的参数和初始条件都是考虑了实际情况的。例如，在下面即将介绍的例 5.1 和例 5.2 中，感染率 β 取自一些网上发布的现实数据（具体见文献[3]和[4]），治愈率 γ_1 取自一些网上发布的常用杀毒软件查杀率的平均值（具体见文献[4]）。

例 5.1　考虑给定系统参数 $\alpha_1 = 0.0006$，$\alpha_2 = 0.1$，$\beta = 0.4887$，$\mu = 0.01$，$\gamma_1 = 0.8895$，$\gamma_2 = 0.0001$，$p = 0.5$，$q = 0.2$，$b = 0.5$，$\theta = 0.001$ 的式（5.1）。图 5.2 给出了该系统在下列三组不同的初始条件下 $I_e(k)$ 和 $I(t)$ 的时间演化图。

（1）$(S(0), I(0), R(0)) = (488, 2, 10)$。

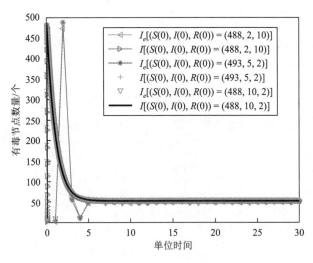

图 5.2　例 5.1 中 $I_e(k)$ 和 $I(t)$ 的演化行为

（2）$(S(0),I(0),R(0))=(493,5,2)$。

（3）$(S(0),I(0),R(0))=(488,10,2)$。

例 5.2　考虑给定系统初始条件 $(S(0),I(0),R(0))=(480,10,10)$。图 5.3 给出了下列三组不同系统参数的 $I_e(k)$ 和 $I(t)$ 的时间演化图。

（1）$\alpha_1=0.00006$，$\alpha_2=0.06$，$\beta=0.4887$，$\mu=0.01$，$\gamma_1=0.8895$，$\gamma_2=0.0001$，$p=0.5$，$q=0.2$，$b=5$，$\theta=0.001$。

（2）$\alpha_1=0.0006$，$\alpha_2=0.1$，$\beta=0.4887$，$\mu=0.01$，$\gamma_1=0.8895$，$\gamma_2=0.002$，$p=0.4$，$q=0.3$，$b=5$，$\theta=0.002$。

（3）$\alpha_1=0.0001$，$\alpha_2=0.15$，$\beta=0.4887$，$\mu=0.01$，$\gamma_1=0.8895$，$\gamma_2=0.0003$，$p=0.1$，$q=0.1$，$b=5$，$\theta=0.003$。

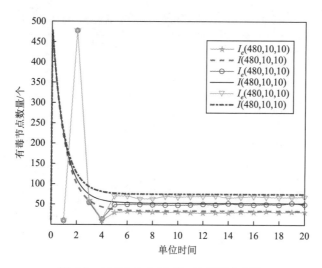

图 5.3　例 5.2 中 $I_e(k)$ 和 $I(t)$ 的演化行为

例 5.3　考虑给定系统参数 $\alpha_1=0.06$，$\alpha_2=0.00008$，$\beta=0.0004887$，$\mu=0.01$，$\gamma_1=0.08895$，$\gamma_2=0.001$，$p=0.1$，$b=5$，$\theta=0.008$ 和初始条件 $(S(0),I(0),R(0))=(480,10,10)$。图 5.4 给出了参数 $q=0$ 和 $q=0.6$ 时 $I_e(k)$ 与 $I(t)$ 的时间演化图。

例 5.4　考虑给定系统参数 $\alpha_1=0.06$，$\alpha_2=0.0001$，$\beta=0.0004887$，$\mu=$

0.01，$\gamma_1 = 0.08895$，$\gamma_2 = 0.001$，$p = 0.1$，$b = 5$，$q = 0.2$ 和初始条件 $(S(0), I(0),$ $R(0)) = (480, 10, 10)$。图 5.5 给出了参数 $\theta = 0$ 和 $\theta = 0.2$ 时 $I_e(k)$ 与 $I(t)$ 的时间演化图。

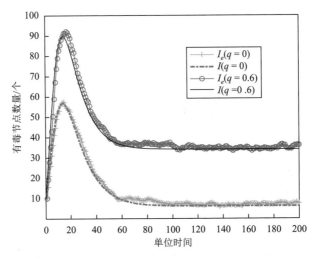

图 5.4　例 5.3 中 $I_e(k)$ 和 $I(t)$ 的演化行为

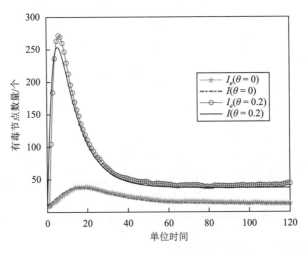

图 5.5　例 5.4 中 $I_e(k)$ 和 $I(t)$ 的演化行为

例 5.5　考虑给定系统参数 $\alpha_1 = 0.06$，$\alpha_2 = 0.0008$，$\beta = 0.0004887$，$\mu = 0.01$，$\gamma_1 = 0.08895$，$\gamma_2 = 0.001$，$p = 0.1$，$b = 5$ 和初始条件 $(S(0), I(0),$

$R(0)) = (480,10,10)$。图 5.6 给出了参数 $q = 0.2$，$\theta = 0$ 和 $q = 0.6$，$\theta = 0.3$ 时 $I_e(k)$ 与 $I(t)$ 的时间演化图。

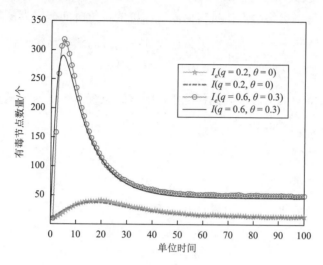

图 5.6　例 5.5 中 $I_e(k)$ 和 $I(t)$ 的演化行为

5.2　一类基于杀毒软件影响的 SLBRS 模型

5.1 节研究了在有外部有毒计算机进入网络时，移动存储介质对计算机病毒传播的影响。本节将考虑在有杀毒软件因素的情况下，移动存储介质对计算机病毒在网络上传播的影响。

5.2.1　模型描述

首先，我们介绍模型的一些基本假设。

（1）因特网上的计算机离开因特网的单位时间概率为 $\mu > 0$。

（2）因特网外的计算机以恒定的速率 $b > 0$ 联入因特网。其中，$1-p$ 部分是易感机，p 部分是免疫机，$0 \leqslant p \leqslant 1$。

（3）因特网上每台易感机因与潜伏机和发作机通信而中毒的单位时间概率分别为 $\beta_1 L$ 和 $\beta_2 B$，$\beta_1 > 0$，$\beta_2 > 0$。

（4）因特网上每台易感机因与有毒移动存储设备接触而中毒的单位时间概率为 $\theta > 0$。

（5）因特网上每台潜伏机转化为发作机的单位时间概率为 $\alpha > 0$。

（6）因特网上每台免疫机因杀毒软件过期或因重装系统而转化为易感机的单位时间概率为 $\eta > 0$。

（7）因特网上每台潜伏机和发作机因重装系统而转化为易感机的单位时间概率分别为 $\gamma_2 > 0$ 和 $\gamma_3 > 0$。

（8）因特网上每台计算机安装和更新最新杀毒软件而转化为免疫机的单位时间概率为 $\gamma_1 > 0$。

根据上述假设，我们可以得到 SLBRS 模型的状态转移图（图 5.7）和数学表示：

$$\begin{cases} \dot{S} = (1-p)b + \gamma_2 L + \gamma_3 B + \eta R - \mu S - \gamma_1 S - \beta_1 LS - \beta_2 BS - \theta S \\ \dot{L} = \beta_1 LS + \beta_2 BS + \theta S - \gamma_1 L - \gamma_2 L - \mu L - \alpha L \\ \dot{B} = \alpha L - \mu B - \gamma_1 B - \gamma_3 B \\ \dot{R} = pb + \gamma_1 S + \gamma_1 L + \gamma_1 B - \eta R - \mu R \end{cases} \tag{5.9}$$

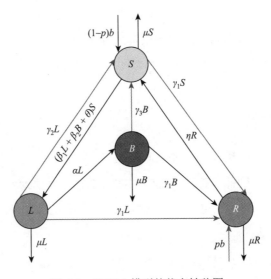

图 5.7　SLBRS 模型的状态转移图

注意到 $N = S + L + B + R$，故式（5.9）可以转化为下列系统：

$$\begin{cases} \dot{N} = b - \mu N \\ \dot{L} = (\beta_1 L + \beta_2 B + \theta)(N - L - B - R) - (\gamma_1 + \gamma_2 + \mu + \alpha)L \\ \dot{B} = \alpha L - (\mu + \gamma_1 + \gamma_3)B \\ \dot{R} = pb + \gamma_1 N - (\gamma_1 + \eta + \mu)R \end{cases} \quad (5.10)$$

令 $N^* = \dfrac{b}{\mu}$，$R^* = \dfrac{(\mu p + \gamma_1)b}{\mu(\gamma_1 + \eta + \mu)}$。求解式（5.10）的第一个方程和第四个方程，我们很容易得到 $\lim\limits_{t \to +\infty} N = N^*$ 和 $\lim\limits_{t \to +\infty} R = R^*$。于是，式（5.10）可以简化为下列极限系统：

$$\begin{cases} \dot{L} = (\beta_1 L + \beta_2 B + \theta)(N^* - R^* - L - B) - (\gamma_1 + \gamma_2 + \mu + \alpha)L \\ \dot{B} = \alpha L - (\mu + \gamma_1 + \gamma_3)B \end{cases} \quad (5.11)$$

其正不变区间为

$$\Omega = \{(L, B) \mid L \geqslant 0, B \geqslant 0, 0 \leqslant L + B \leqslant N^*\} \quad (5.12)$$

下面我们将在这个正定不变区间上研究式（5.11）的全局动力学行为。

5.2.2　平衡点

令

$$a_0 = \frac{(\mu + \gamma_1 + \gamma_3 + \alpha)[\beta_1(\mu + \gamma_1 + \gamma_3) + \alpha\beta_2]}{\alpha^2} \quad (5.13)$$

$$a_1 = \frac{[\beta_1(\mu + \gamma_1 + \gamma_3) + \alpha\beta_2](N^* - R^*) - \theta\alpha}{\alpha} \\ - \frac{(\mu + \gamma_1 + \gamma_3)(\mu + \gamma_1 + \gamma_3 + \alpha + \theta)}{\alpha} \quad (5.14)$$

定理 5.3　式（5.11）没有无毒平衡点，只有唯一的有毒平衡点 $E^*(L^*, B^*)$。式中

$$B^* = \frac{a_1 + \sqrt{a_1^2 + 4a_0\theta(N^* - R^*)}}{2a_0} \quad (5.15)$$

$$L^* = \frac{\mu + \gamma_1 + \gamma_3}{\alpha} B^* \quad (5.16)$$

证明　假设 $(\overline{L}, \overline{B})$ 是式（5.11）的一个平衡点。则

$$\begin{cases} (\beta_1\overline{L} + \beta_2\overline{B} + \theta)(N^* - R^* - \overline{L} - \overline{B}) - (\gamma_1 + \gamma_2 + \mu + \alpha)\overline{L} = 0 \\ \alpha\overline{L} - (\mu + \gamma_1 + \gamma_3)\overline{B} = 0 \end{cases} \tag{5.17}$$

由式（5.17）的第二个方程，我们得到 $\overline{L} = \dfrac{\mu + \gamma_1 + \gamma_3}{\alpha}\overline{B}$。然后，把它代入式（5.17）的第一个方程，经整理我们可得

$$a_0\overline{B}^2 - a_1\overline{B} - \theta(N^* - R^*) = 0 \tag{5.18}$$

注意到 $\overline{L}, \overline{B} \geqslant 0$，故式（5.18）存在唯一的根 $\overline{B} = B^*$。于是，$\overline{L} = L^*$。因此，命题得证。

5.2.3　有毒平衡点的局部稳定性

令

$$S^* = N^* - L^* - B^* - R^* \tag{5.19}$$

$$k_0 = \beta_1 L^* + \beta_2 B^* + \theta + (\gamma_1 + \gamma_2 + \mu + \alpha) - \beta_1 S^* \tag{5.20}$$

$$k_1 = \beta_1 L^* + \beta_2 B^* + \theta - \beta_2 S^* \tag{5.21}$$

$$k_2 = \gamma_1 + \gamma_3 = \mu \tag{5.22}$$

定理5.4　E^* 关于 Ω 局部渐近稳定。

证明　式（5.11）在 E^* 处的线性化系统所对应的雅可比矩阵为

$$J_{E^*} = \begin{pmatrix} -k_0 & -k_1 \\ \alpha & -k_2 \end{pmatrix} \tag{5.23}$$

其特征方程为

$$\lambda^2 + (k_0 + k_2)\lambda + k_0 k_2 + \alpha k_1 = 0 \tag{5.24}$$

由于 $(\beta_1 L^* + \beta_2 B^* + \theta)S^* - (\gamma_1 + \gamma_2 + \mu + \alpha)L^* = 0$，故我们有 $\beta_1 S^* - (\gamma_1 + \gamma_2 + \mu + \alpha) = -(\beta_2 B^* + \theta)\dfrac{S^*}{L^*} < 0$，进而可得 $k_0 > 0$。于是，$k_0 + k_2 > 0$。

$$k_0 k_2 + \alpha k_1 = (\gamma_1 + \gamma_3 + \mu)[\beta_1 L^* + \beta_2 B^* + \theta + (\gamma_1 + \gamma_2 + \mu + \alpha)$$
$$- \beta_1 S^*] + \alpha(\beta_1 L^* + \beta_2 B^* + \theta - \beta_2 S^*)$$
$$= (\gamma_1 + \gamma_3 + \mu + \alpha)(\beta_1 L^* + \beta_2 B^* + \theta)$$
$$+ (\gamma_1 + \gamma_3 + \mu)(\gamma_1 + \gamma_2 + \mu + \alpha - \beta_1 S^*) - \alpha\beta_2 S^*$$
$$= (\gamma_1 + \gamma_3 + \mu + \alpha)(\beta_1 L^* + \beta_2 B^* + \theta)$$
$$+ (\gamma_1 + \gamma_3 + \mu)(\beta_2 B^* + \theta)\frac{S^*}{L^*} - \alpha\beta_2 S^* \qquad (5.25)$$

把 $L^* = \dfrac{\mu + \gamma_1 + \gamma_3}{\alpha} B^*$ 代入式（5.25），可得

$$k_0 k_2 + \alpha k_1 = (\gamma_1 + \gamma_3 + \mu + \alpha)(\beta_1 L^* + \beta_2 B^* + \theta) + (\gamma_1 + \gamma_3 + \mu)(\beta_2 B^*$$
$$+ \theta)\frac{\alpha S^*}{(\mu + \gamma_1 + \gamma_3)B^*} - \alpha\beta_2 S^*$$
$$= (\gamma_1 + \gamma_3 + \mu + \alpha)(\beta_1 L^* + \beta_2 B^* + \theta) + \theta\frac{\alpha S^*}{B^*} > 0$$

由于 $k_0 + k_2 > 0$，$k_0 k_2 + \alpha k_1 > 0$，故根据赫尔维茨判据，式（5.24）的两个根都具有负实部，进而根据李雅普诺夫定理，命题得证。

5.2.4　有毒平衡点的全局稳定性

本节我们将用广义庞加莱-本迪克松方法来研究有毒平衡点的全局稳定性。因为前面已经证明了有毒平衡点的局部稳定性，所以下面只要证明式（5.11）在 Ω 上没有周期解即可。于是，我们有下列引理。

引理 5.4　在 Ω 上考虑式（5.11），则下列结论成立：

（1）Ω 内部不存在周期轨道。

（2）不存在经过 Ω 边界的周期轨道。

证明　（1）令

$$G(L, B) = (\beta_1 L + \beta_2 B + \theta)(N^* - R^* - L - B) - (\gamma_1 + \gamma_2 + \mu + \alpha)L$$
$$H(L, B) = \alpha L - (\mu + \gamma_1 + \gamma_3)B$$

构造杜拉克函数

$$D(L, B) = \frac{1}{L}$$

于是，我们有

$$\frac{\partial(DG)}{\partial L} + \frac{\partial(DH)}{\partial B} = -\beta_1 - \frac{\beta_2 B + \theta}{L^2}(N^* - R^* - L - B)$$

$$- \frac{\beta_2 B + \theta + \mu + \gamma_1 + \gamma_3}{L}$$

$$< 0$$

因此，根据本迪克松-杜拉克判据，命题（1）得证。

（2）假设 (x, y) 是 Ω 边界上的任意一个点，则 Ω 的边界存在下列三种情况。

情况 1： $y = 0$ ， $0 \leqslant x \leqslant N^*$ ， $\dot{y}\big|_{(x,y)} = \alpha x > 0$ 。

情况 2： $x = 0$ ， $0 < y < N^*$ ， $\dot{x}\big|_{(x,y)} = (\beta_2 y + \theta)(N^* - R^* - y) > 0$ 。

情况 3：

$$x + y = N^*, \ (\dot{x} + \dot{y})\big|_{(x,y)} = -(\beta_1 x + \beta_2 y + \theta)R^* - (\gamma_1 + \mu)N^* - \gamma_2 x - \gamma_3 y < 0$$

因此，综上所述，式（5.11）不存在经过 Ω 边界的周期轨道。命题（2）得证。

于是，根据定理 5.3 和定理 5.4 和引理 5.4，由广义庞加莱-本迪克松定理可得下列定理。

定理 5.5　　E^* 关于 Ω 全局渐近稳定。

5.2.5　数值实验

下面我们将介绍几个具体的实例来阐述前面所得的重要结论。

例 5.6　考虑给定系统参数 $p = 0.3$ ， $b = 5$ ， $\mu = 0.01$ ， $\theta = 0.001$ ， $\alpha = 0.6$ ， $\eta = 0.08$ ， $\beta_1 = 0.006$ ， $\beta_2 = 0.004$ ， $\gamma_1 = 0.08895$ ， $\gamma_2 = 0.001$ ， $\gamma_3 = 0.002$ 的系统（5.9）。图 5.8 给出了该系统在下列三组不同的初始条件下 S、L、B、R 的时间演化图。

（1）$(S(0), L(0), B(0), R(0)) = (430, 10, 10, 50)$。

（2）$(S(0), L(0), B(0), R(0)) = (300, 50, 50, 100)$。

（3）$(S(0), L(0), B(0), R(0)) = (200, 80, 70, 150)$。

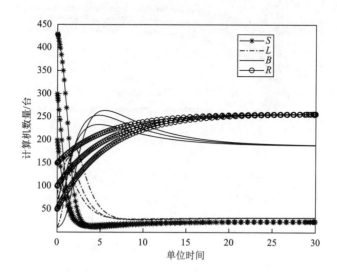

图 5.8　例 5.6 中 S、L、B、R 的演化行为

例 5.7　考虑给定系统初始条件 $(S(0), L(0), B(0), R(0)) = (410, 30, 10, 50)$。图 5.9 给出了下列三组不同系统参数的 S、L、B、R 的时间演化图。

（1）$p = 0.3$，$b = 5$，$\mu = 0.01$，$\theta = 0.001$，$\alpha = 0.2$，$\eta = 0.06$，$\beta_1 = 0.003$，$\beta_2 = 0.002$，$\gamma_1 = 0.04$，$\gamma_2 = 0.001$，$\gamma_3 = 0.002$。

（2）$p = 0.5$，$b = 5$，$\mu = 0.01$，$\theta = 0.003$，$\alpha = 0.4$，$\eta = 0.08$，$\beta_1 = 0.004$，$\beta_2 = 0.003$，$\gamma_1 = 0.06$，$\gamma_2 = 0.002$，$\gamma_3 = 0.003$。

（3）$p = 0.6$，$b = 5$，$\mu = 0.01$，$\theta = 0.005$，$\alpha = 0.6$，$\eta = 0.1$，$\beta_1 = 0.006$，$\beta_2 = 0.005$，$\gamma_1 = 0.09$，$\gamma_2 = 0.003$，$\gamma_3 = 0.004$。

例 5.8　考虑给定系统初始条件 $(S(0), L(0), B(0), R(0)) = (410, 30, 10, 50)$ 和系统参数 $p = 0.3$，$b = 5$，$\mu = 0.01$，$\alpha = 0.2$，$\eta = 0.1$，$\beta_1 = 0.0006$，$\beta_2 = $

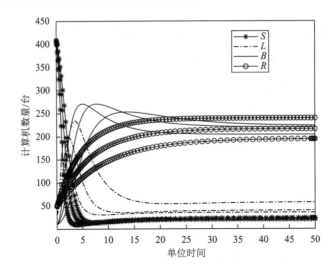

图 5.9　例 5.7 中 S、L、B、R 的演化行为

0.0002，$\gamma_1 = 0.04$，$\gamma_2 = 0.001$，$\gamma_3 = 0.002$。当 $\theta = 0$，$\theta = 0.01$，$\theta = 0.1$ 时，图 5.10 和图 5.11 分别给出了 L、B 与 $L+B$ 的时间演化图。

例 5.9　考虑给定系统初始条件 $(S(0), L(0), B(0), R(0)) = (410, 30, 10, 50)$ 和

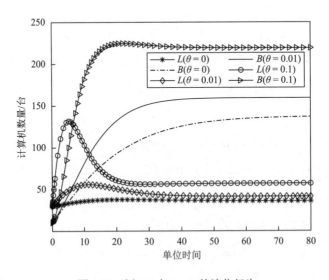

图 5.10　例 5.8 中 L、B 的演化行为

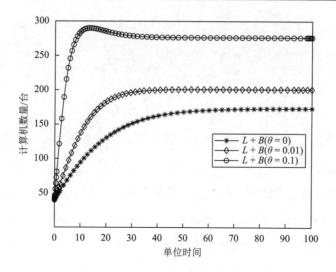

图 5.11　例 5.8 中 $L+B$ 的演化行为

系统参数 $p=0.3$，$b=5$，$\mu=0.01$，$\theta=0.001$，$\alpha=0.2$，$\eta=0.1$，$\beta_1=0.006$，$\beta_2=0.002$，$\gamma_2=0.001$，$\gamma_3=0.002$。图 5.12 给出了 $\gamma_1=0$，$\gamma_1=0.04$，$\gamma_1=0.08$ 时 $L+B$ 的时间演化图。

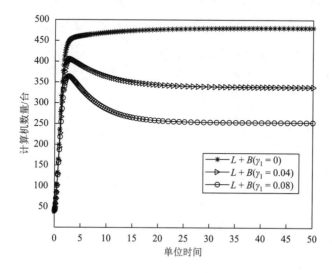

图 5.12　例 5.9 中 $L+B$ 的演化行为

5.3　控 制 讨 论

本节从理论上讨论分析如何控制计算机病毒的传播。

5.1 节和 5.2 节分别研究两类具有移动存储介质感染率的计算机病毒传播模型。从数值实验结果中，我们可以看出移动存储介质对计算机病毒传播的影响。正是因为受此影响，所以研究的两类模型都没有无毒平衡点，只有唯一的有毒平衡点，也不存在传播阈值（基本再生数），故我们不能通过分析传播阈值来研究计算机病毒传播的控制。更重要的是，存在的唯一平衡点是全局渐近稳定的，也就是说计算机病毒会始终存在网络中，不可能被彻底清除。

于是，为了更好地体现移动存储介质对计算机病毒传播的影响和展示计算机病毒传播控制的新分析方法，下面我们只对 5.1 节中的 SIRS 模型进行进一步的讨论。

计算机病毒传播的控制归根到底是对感染病毒的计算机（有毒机）的数量进行控制。基于此，我们首先对系统参数对有毒机的影响做了如下分析。

根据引理 5.1，我们可以得到如下推理。

推理 5.1　$\dfrac{\partial I^*}{\partial \beta} > 0$，$\dfrac{\partial I^*}{\partial \theta} > 0$，$\dfrac{\partial I^*}{\partial q} > 0$，$\dfrac{\partial I^*}{\partial \gamma_1} < 0$，$\dfrac{\partial I^*}{\partial \gamma_2} < 0$，$\dfrac{\partial I^*}{\partial \alpha_1} < 0$。

证明　由 $I^* = \dfrac{w_2 + \sqrt{w_2^2 + 4w_1 w_0}}{2w_1}$ 可得 $w_1 I^{*2} - w_2 I^* - w_0 = 0$。于是，我们有

$$\frac{\partial I^*}{\partial \beta} = \frac{I^*}{\sqrt{w_2^2 + 4w_1 w_0}}[b(\mu(1-p) + \alpha_2) - \mu(\mu + \gamma_1 + \gamma_2)I^*] > 0$$

$$\frac{\partial I^*}{\partial \theta} = \frac{1}{\sqrt{w_2^2 + 4w_1 w_0}}[b(\mu(1-p) + \alpha_2) - \mu(\mu + \gamma_1 + \gamma_2)I^*] > 0$$

$$\frac{\partial I^*}{\partial q} = \frac{b\mu(\mu + \alpha_1 + \alpha_2)}{\sqrt{w_2^2 + 4w_1 w_0}} > 0$$

$$\frac{\partial I^*}{\partial \gamma_1} = \frac{1}{\sqrt{w_2^2 + 4w_1w_0}}[-\beta\mu I^{*2} - \mu(\mu + \alpha_1 + \alpha_2 + \theta)I^*] < 0$$

$$\frac{\partial I^*}{\partial \gamma_2} = \frac{-\mu(\mu + \alpha_1 + \alpha_2)}{\sqrt{w_2^2 + 4w_1w_0}} < 0$$

$$\frac{\partial I^*}{\partial \alpha_1} = \frac{1}{\sqrt{w_2^2 + 4w_1w_0}}[qb\mu - \mu(\mu + \gamma_1 + \gamma_2)I^*] < 0$$

因此，命题得证。

从上述推理中，我们可以清晰地看到移动存储介质感染率对有毒机的影响。这也再次表明，在使用移动存储介质时，我们最好禁止其自动运行功能；进一步地，当它们连接到计算机上时，在打开之前我们最好先进行病毒查杀。当然，我们也要经常更新杀毒软件。

由于在 5.1 节中的模型研究表明在网络中的计算机病毒不可能被彻底清除，那么退而求其次的办法就是让感染的计算机数量尽可能得少，使之在人们可接受的范围之内。基于此，我们做了如下分析。

定理 5.6 假设 U 是一个正常数，则 $I^* \leqslant U$ 当且仅当

$$w_1U^2 - w_2U - w_0 \geqslant 0 \tag{5.26}$$

式中，I^*、w_0、w_1、w_2 与 5.1 节中的符号是同一符号。

证明 注意到

$$I^* = \frac{w_2 + \sqrt{w_2^2 + 4w_1w_0}}{2w_1}$$

于是，我们有

$$\frac{w_2 + \sqrt{w_2^2 + 4w_1w_0}}{2w_1} \leqslant U$$

经过简单的计算，我们就可以得到式（5.26）。于是，命题得证。

这个定理表明：通过控制系统参数，我们是可以把感染病毒的计算机的数量控制在一定范围之内的。

5.4　本 章 小 结

为了研究移动存储介质对计算机病毒传播的影响，本章研究了两类具有移动存储介质感染率的计算机病毒传播模型。

一类基于外部有毒机影响的 SIRS 模型。从理论上证明了 SIRS 模型存在唯一的有毒平衡点是全局渐近稳定的。与以往的数值实验不同之处，5.1 节充分地依据模型假设全新构建了一个网络，并在该网络上模拟计算机病毒的传播，仿真结果和理论结果也相吻合。除此之外，在 5.3 节中，我们也对该模型做了进一步分析讨论，给出了一些控制计算机病毒传播的建议。

一类基于杀毒软件影响的 SLBRS 模型。该模型与 5.1 节中的 SIRS 模型一样没有无毒平衡点，只有一个有毒平衡点，且是全局渐近稳定的。数值实验也演示了移动存储介质和杀毒软件对计算机病毒传播的影响。

参 考 文 献

[1]　Thieme H R. Asymptotically autonomous differential equations in the plane. The Rocky Mountain Journal of Mathematics，1994，24（1）：351-380.

[2]　Robinson R C. An Introduction to Dynamical Systems：Continuous and Discrete. New York：Prentice Hall，2004.

[3]　Gan C Q，Yang X F，Liu W P，et al. An epidemic model of computer viruses with vaccination and generalized nonlinear incidence rate. Applied Mathematics and Computation，2013，222：265-274.

[4]　Gan C Q，Yang X F，Liu W P，et al. A propagation model of computer virus with nonlinear vaccination probability. Communications in Nonlinear Science and Numerical Simulation，2014，19（1）：92-100.

第 6 章　三类具有外部仓室的 SIES 模型

外部仓室是指把未连接到互联网上的所有计算机视作一个仓室。这样一来，就把所有的计算机都考虑到了，还可以从宏观上对外部计算机有进一步的了解，如可以随时掌握外部计算机数量变化的具体信息，这比某些简单考虑外部计算机影响的传播模型要更加细致、全面。文献[1]基于此想法，在假设外部计算机联入网都是易感机的情况下，研究了一个带有外部仓室的计算机病毒传播模型，对外部计算机的影响做了理论和实验分析。然而，该假设明显与实际不符，因为实际中计算机进出网络相当的频繁，外部感染病毒的计算机是随时随刻都可以联入网的。

于是，为了弥补这一不足，同时为了更加深入地了解外部计算机（尤其是外部感染病毒的计算机）和网络结构对计算机病毒传播的影响，本章研究三类具有外部仓室的 SIES 模型。它们都把未联网的计算机视作一个仓室（E 仓室），而把网络上的计算机分成两个仓室：S 仓室和 I 仓室。具体而言，一类是基于全互联网络的 SIES 模型；而另一类则在此基础上考虑到网络结构不一定是全互联的，研究了一类计算机病毒在无标度网络上传播的 SIES 模型，最后一类则是基于任意网络的 SIES 模型。

6.1　一类基于全互联网络的 SIES 模型

首先，本节暂时不考虑网络结构对计算机病毒传播的影响，假设网络是全互联的，研究分析外部计算机的影响。下面开始模型的介绍。

6.1.1　模型描述

新模型基于下列假设：

（1）每台计算机报废的单位时间概率为 $\mu > 0$。

（2）每台内部机与因特网断开的单位时间概率为 $\gamma_1 > 0$。

（3）每台内部易感机因与内部有毒机通信而中毒的单位时间概率为 $\beta > 0$。

（4）每台内部有毒机被治愈的单位时间概率为 $\gamma_2 > 0$。

（5）新生产出的计算机以恒定速率 $\delta > 0$ 加入外部仓室。

（6）当每台外部机联入因特网时，要么是易感的，要么是有毒的。

（7）外部有毒机和外部易感机联入因特网的单位时间概率分别为 $\eta_1 > 0$ 与 $\eta_2 > 0$。

由上述假设，我们可以得到模型的状态转移图（图 6.1）和数学表示如下：

$$\begin{cases} \dot{S} = \gamma_2 I + \eta_2 E - \mu S - \beta S I - \gamma_1 S \\ \dot{I} = \beta S I - \mu I - \gamma_1 I - \gamma_2 I + \eta_1 E \\ \dot{E} = \delta + \gamma_1 S + \gamma_1 I - \mu E - \eta_1 E - \eta_2 E \end{cases} \tag{6.1}$$

其初始条件为 $S(0) \geq 0$，$I(0) \geq 0$，$E(0) \geq 0$。

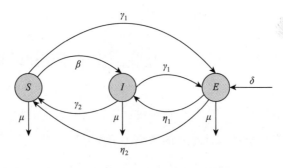

图 6.1　SIES 模型的状态转移图

由于 $N = S + I + E$，故式（6.1）可以转化为下列等价系统：

$$\begin{cases} \dot{N} = \delta - \mu N \\ \dot{I} = \beta(N - I - E)I - \mu I - \gamma_1 I - \gamma_2 I + \eta_1 E \\ \dot{E} = \delta + \gamma_1 N - \gamma_1 E - \mu E - \eta_1 E - \eta_2 E \end{cases} \qquad (6.2)$$

其初始条件为 $N(0) \geqslant 0$，$I(0) \geqslant 0$，$E(0) \geqslant 0$，正定不变集为

$$\Omega = \left\{ (N, I, E) \mid N \geqslant 0, I \geqslant 0, E \geqslant 0, I + E \leqslant N \leqslant \frac{\delta}{\mu} \right\} \qquad (6.3)$$

为了研究方便，下面我们将直接考虑系统（6.1）的等价系统（6.2）。

6.1.2　平衡点

由于外部有毒机能经常联入因特网，故该模型也不存在无毒平衡点和基本再生数。

引理 6.1　系统（6.2）没有无毒平衡点，只有唯一的有毒平衡点 $E_*^*(N^*, I^*, E^*)$，其中，$N^* = \dfrac{\delta}{\mu}$，$E^* = \dfrac{\delta(\mu + \gamma_1)}{\mu(\mu + \gamma_1 + \eta_1 + \eta_2)}$，$I^* = \dfrac{\beta w - (\mu + \gamma_1 + \gamma_2) + \sqrt{[\beta w - (\mu + \gamma_1 + \gamma_2)]^2 + 4\beta\eta_1 E^*}}{2\beta}$，$w = \dfrac{\delta(\eta_1 + \eta_2)}{\mu(\mu + \gamma_1 + \eta_1 + \eta_2)}$。

证明　根据平衡点的定义，系统（6.2）的所有平衡点都满足下列方程组。

$$\begin{cases} \delta - \mu N = 0 \\ \beta(N - I - E)I - \mu I - \gamma_1 I - \gamma_2 I + \eta_1 E = 0 \\ \delta + \gamma_1 N - \gamma_1 E - \mu E - \eta_1 E - \eta_2 E = 0 \end{cases} \qquad (6.4)$$

求解方程组（6.4），可知 $I \neq 0$，有且只有一个解 $E_*^*(N^*, I^*, E^*)$，故命题得证。

6.1.3　有毒平衡点的局部稳定性

定理 6.1　E_*^* 关于 Ω 局部渐近稳定。

证明　系统（6.2）在 E_*^* 处的线性化系统所对应的雅可比矩阵为

$$J_{E_*^*} := \begin{pmatrix} -\mu & 0 & 0 \\ \beta I^* & \beta(N^* - 2I^* - E^*) - (\mu + \gamma_1 + \gamma_2) & -\beta I^* + \eta_1 \\ \gamma_1 & 0 & -(\mu + \gamma_1 + \eta_1 + \eta_2) \end{pmatrix}$$

其特征方程为

$$(\lambda + \mu)(\lambda + w_1)(\lambda + \mu + \gamma_1 + \eta_1 + \eta_2) = 0 \qquad (6.5)$$

式中

$$w_1 = -\beta(N^* - 2I^* - E^*) + (\mu + \gamma_1 + \gamma_2)$$
$$= \sqrt{[\beta w - (\mu + \gamma_1 + \gamma_2)]^2 + 4\beta\eta_1 E^*} > 0$$

显然，式（6.5）的三个根都为负数。因此，根据李雅普诺夫定理，命题得证。

6.1.4　有毒平衡点的全局稳定性

首先，我们给出一个有助于研究有毒平衡点全局稳定性的引理。

引理 6.2　考虑函数 $V_1 = \int_{I^*}^{y+I^*} \frac{u - I^*}{u} du$，$y \in (-I^*, +\infty)$。则 V_1 是一个非负函数，且 $V_1 = 0$ 当且仅当 $y = 0$。

证明　对 V_1 求导，可得 $\frac{dV_1}{dy} = \frac{y}{y + I^*}$。注意到 $y \in (-I^*, +\infty)$，故在区间 $(-I^*, 0]$ 上，V_1 单调递减；而在区间 $(0, +\infty)$ 上，V_1 单调递增。此外，有且只有 $V_1(0) = 0$。因此，命题得证。

接下来，我们考虑有毒平衡点的全局稳定性。

定理 6.2　E_*^* 关于 Ω 全局渐近稳定。

证明　令 $x = N - N^*, y = I - I^*, z = E - E^*$，则系统（6.2）可以转化为

$$\begin{cases} \dot{x} = -\mu x \\ \dot{y} = \beta(x - y - z)(y + I^*) - \dfrac{\eta_1 E^*}{I^*} y + \eta_1 z \\ \dot{z} = \gamma_1 x - (\mu + \gamma_1 + \eta_1 + \eta_2) z \end{cases} \tag{6.6}$$

构造李雅普诺夫函数

$$V = \frac{1}{2} a(x - z)^2 + \frac{1}{2} b z^2 + \frac{1}{2} c x^2 + V_1$$

式中

$$a = \frac{\beta}{4(\mu + \gamma_1)}, \quad b = \frac{I^*}{4E^*}, \quad c = \frac{a(\eta_1 + \eta_2) + b\gamma_1}{4\mu}$$

于是，

$$\begin{aligned} \dot{V}\,|_{(6.6)} &= -a(\mu + \gamma_1)(x - z)^2 + a(\eta_1 + \eta_2)xz - a(\eta_1 + \eta_2)z^2 + b\gamma_1 xz \\ &\quad - b\gamma_1 z^2 - b(\mu + \eta_1 + \eta_2)z^2 - c\mu x^2 + \beta(x - z)y - \beta y^2 \\ &\quad - \frac{\eta_1 E^*}{I^*(y + I^*)} y^2 + \frac{\eta_1}{y + I^*} yz \\ &= -\beta\left(\frac{x - z}{2} - y\right)^2 - 4\mu c\left(\frac{x}{2} - z\right)^2 - b(\mu + \eta_2)z^2 \\ &\quad - \frac{\eta_1 I^*}{4E^*}\left(1 - \frac{1}{y + I^*}\right) - \frac{\eta_1}{y + I^*}\left(\frac{1}{2}\sqrt{\frac{I^*}{E^*}}z - \sqrt{\frac{E^*}{I^*}}y\right)^2 \end{aligned} \tag{6.7}$$

因为 $I = y + I^* > 1$，所以 $\dot{V}\,|_{(6.6)} < 0$。因此，根据拉萨尔不变原理，命题得证。

6.1.5　数值实验

下面实例的数值实验结果（图 6.2）说明了定理 6.2。

例 6.1　考虑给定参数 $\beta = 0.03$，$\delta = 0.8$，$\mu = 0.01$，$\eta_1 = 0.2$，$\eta_2 = 0.4$，$\gamma_1 = 0.8$，$\gamma_2 = 0.2$ 的系统（6.2），初始条件为 $N(0) = 800$，$I(0) = 600$，$E(0) = 200$。定理 6.2 表明有毒平衡点全局渐近稳定。的确，图 6.2 中各条曲线都趋于稳定，且与定理 6.2 相符。

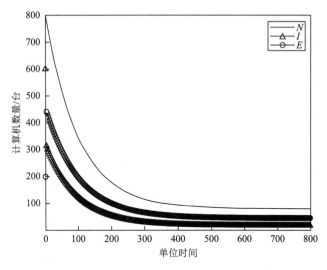

图 6.2　例 6.1 中系统（6.2）的演化行为

6.2　一类基于复杂网络的 SIES 模型

6.1 节研究了一类基于全互联网络的 SIES 模型，本节将同时考虑外部计算机的影响和网络结构不是全互联的情形。对此，本节研究一类计算机病毒在无标度网络上传播的 SIES 模型。下面就开始介绍模型。

6.2.1　模型描述

这个模型与前面研究的所有模型最大的不同点是：这个模型考虑了因特网的网络结构对计算机病毒传播的影响。因特网的结构将被视为一个图 $G=(V,E)$ 来研究。图的顶点和边分别代表因特网中的计算机与计算机之间的通信。

首先，让我们介绍些有用的符号。

Δ：因特网中节点的最大度。

$S_k(t)$：k 度内部易感节点的数量。

$I_k(t)$：k 度内部有毒节点的数量。

$E_k(t)$：k 度外部节点的数量。

$N_k(t)$：k 度节点的数量，即 $N_k(t) := S_k(t) + I_k(t) + E_k(t)$。

$s_k(t)$：k 度内部易感节点的相关密度，即 $s_k(t) := S_k(t) / N_k(t)$。

$i_k(t)$：k 度内部有毒节点的相关密度，即 $i_k(t) := I_k(t) / N_k(t)$。

$e_k(t)$：k 度外部节点的相关密度，即 $e_k(t) := E_k(t) / N_k(t)$。

$s(t) := (s_1(t), s_2(t), \cdots, s_\Delta(t))$。

$i(t) := (i_1(t), i_2(t), \cdots, i_\Delta(t))$。

$e(t) := (e_1(t), e_2(t), \cdots, e_\Delta(t))$。

其次，让我们介绍该模型的一些基本假设。

（1）由于外部计算机能联入因特网，故外部有毒机和外部易感机联入因特网的单位时间概率分别为 $\eta_1 > 0$ 和 $\eta_2 > 0$。

（2）每台内部易感机和内部有毒机与因特网断开的单位时间概率分别为 $\alpha_2 > 0$ 与 $\gamma_1 > 0$。

（3）每台内部易感机因与内部有毒机通信而中毒的单位时间概率为 $\alpha_1 > 0$。

（4）每台内部有毒机被治愈的单位时间概率为 $\gamma_2 > 0$。

（5）每台计算机报废的单位时间概率为 $\mu > 0$。同时，$E_k(t)$ 以恒定速率 $\mu N_k(t)$ 增加。这表明 $N_k(t)$ 是恒定的。

（6）一条边的一个端点是有毒机的概率为 $\Theta(i(t))$，且这个概率与这条边另一个端点的度无关。故有

$$\Theta(i(t)) = \frac{1}{\langle k \rangle} \sum_k k p(k) i_k(t)$$

式中，$\langle k \rangle$ 表示度的平均值，即 $\langle k \rangle := \sum_k k p(k)$；$p(k)$ 表示被随机选择通信的节点度为 k 的计算机的概率。

基于上述假设，新模型可以用下列微分系统表示（图 6.3）。

$$
\begin{cases}
\dot{S}_k(t) = \gamma_2 I_k(t) + \eta_2 E_k(t) - \alpha_1 k S_k(t) \Theta(i(t)) - \alpha_2 S_k(t) - \mu S_k(t) \\
\dot{I}_k(t) = \alpha_1 k S_k(t) \Theta(i(t)) + \eta_1 E_k(t) - \gamma_1 I_k(t) - \gamma_2 I_k(t) - \mu I_k(t), \quad 1 \leqslant k \leqslant \Delta \\
\dot{E}_k(t) = \mu N_k + \alpha_2 S_k(t) + \gamma_1 I_k(t) - \eta_1 E_k(t) - \eta_2 E_k(t) - \mu E_k(t)
\end{cases}
$$

$$(6.8)$$

其初始条件为 $S_k(0), I_k(0), E_k(0) \geqslant 0$，$1 \leqslant k \leqslant \Delta$。

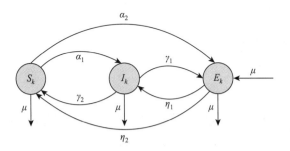

图 6.3　模型的状态转移图

由于 $N_k(t) := S_k(t) + I_k(t) + E_k(t)$ 保持不变，故系统（6.8）可以简化为如下系统。

$$
\begin{cases}
\dot{i}_k(t) = \alpha_1 k (1 - i_k(t) - e_k(t)) \Theta(i(t)) + \eta_1 e_k(t) - (\gamma_1 + \gamma_2 + \mu) i_k(t) \\
\dot{e}_k(t) = \mu + \alpha_2 (1 - i_k(t) - e_k(t)) + \gamma_1 i_k(t) - (\eta_1 + \eta_2 + \mu) e_k(t)
\end{cases}, \quad i \leqslant k \leqslant \Delta
$$

$$(6.9)$$

其初始条件为 $i_k(0), e_k(0) \geqslant 0$，$i_k(0) + e_k(0) \leqslant 1$，$1 \leqslant k \leqslant \Delta$。

为了研究方便，下面我们将直接考虑系统（6.8）的等价系统（6.9）。

6.2.2　平衡点

该模型也不存在无毒平衡点和基本再生数。下面定理将会给出证明。在研究平衡点之前，我们先考虑一个有用的引理。

引理 6.3　考虑函数

$$
f(x) = x - \frac{1}{\langle k \rangle} \sum_k k p(k) \frac{\alpha_1 k (\eta_1 + \eta_2) x + \eta_1 (\alpha_2 + \mu)}{\alpha_1 k (\mu + \gamma_1 + \eta_1 + \eta_2) x + A}, \quad x \in [0,1] \quad (6.10)
$$

式中，$A = (\mu + \gamma_2)(\mu + \eta_1 + \eta_2 + \alpha_2) + \gamma_1(\mu + \eta_2 + \alpha_2) + \eta_1 \alpha_2$。则函数 $f(x)$ 只有一个根。

证明　首先，我们证明根的存在性。

由式（6.10）我们可得

$$f(0) = -\frac{1}{\langle k \rangle} \sum_k kp(k) \frac{\eta_1(\alpha_2 + \mu)}{A} < 0$$

和

$$f(1) = 1 - \frac{1}{\langle k \rangle} \sum_k kp(k) \frac{\alpha_1 k(\eta_1 + \eta_2) + \eta_1(\alpha_2 + \mu)}{\alpha_1 k(\mu + \gamma_1 + \eta_1 + \eta_2) + A} > 0$$

于是，根据中间值定理：存在 $x_0 \in (0,1)$，使得 $f(x_0) = 0$。这说明函数 $f(x)$ 的根存在。

接下来，让我们来证明根的唯一性。

假设除 x_0 外，还存在 $x_1 \in (0,1)$，使得 $f(x_1) = 0$。于是，我们有

$$f(x_0) = x_0 - \frac{1}{\langle k \rangle} \sum_k kp(k) \frac{\alpha_1 k(\eta_1 + \eta_2) x_0 + \eta_1(\alpha_2 + \mu)}{\alpha_1 k(\mu + \gamma_1 + \eta_1 + \eta_2) x_0 + A} = 0 \qquad (6.11)$$

$$f(x_1) = x_1 - \frac{1}{\langle k \rangle} \sum_k kp(k) \frac{\alpha_1 k(\eta_1 + \eta_2) x_1 + \eta_1(\alpha_2 + \mu)}{\alpha_1 k(\mu + \gamma_1 + \eta_1 + \eta_2) x_1 + A} = 0 \qquad (6.12)$$

式（6.11）与式（6.12）相减，经整理可得

$$x_0 - x_1 = \frac{1}{\langle k \rangle} \sum_k kp(k) \frac{[\alpha_1 k(\eta_1 + \eta_2) A - kB](x_0 - x_1)}{(A + kCx_0)(A + kCx_1)} \qquad (6.13)$$

式中，$B = \alpha_1 \eta_1(\mu + \eta_1 + \eta_2 + \gamma_1)(\mu + \alpha_2)$，$C = \alpha_1(\mu + \eta_1 + \eta_2 + \gamma_1)$。

由于 $1 \leqslant k \leqslant \Delta$，故 $\dfrac{[\alpha_1 k(\eta_1 + \eta_2) A - kB]}{(A + kCx_0)(A + kCx_1)}$ 的值不可能恒等于 1。于是，$x_0 = x_1$，根的唯一性得证。

因此，综上所述，命题得证。

现在，我们可以给出平衡点的相关结论了。

定理 6.3　系统（6.9）没有无毒平衡点，只有唯一的有毒平衡点

$$E^* = (i_1^*, \cdots, i_\Delta^*, e_1^*, \cdots, e_\Delta^*)。$$

式中

$$i_k^* = \frac{\alpha_1 k(\eta_1 + \eta_2)\Theta^* + \eta_1(\alpha_2 + \mu)}{\alpha_1 k(\mu + \gamma_1 + \eta_1 + \eta_2)\Theta^* + A}$$

$$e_k^* = \frac{\mu + \alpha_2 + (\gamma_1 - \alpha_2)i_k^*}{\mu + \eta_1 + \eta_2 + \alpha_2}$$

$k = 1,2,\cdots,\Delta$，Θ^* 是方程 $f(x) = 0$ 的唯一正根，$f(x)$、A 与式（6.10）中相同。

证明　求解系统

$$\begin{cases} \dot{i}_k(t) = 0 \\ \dot{e}_k(t) = 0 \end{cases}, \quad k = 1,2,\cdots,\Delta$$

我们有

$$i_k^* = \frac{\alpha_1 k(\eta_1 + \eta_2)\Theta^* + \eta_1(\alpha_2 + \mu)}{\alpha_1 k(\mu + \gamma_1 + \eta_1 + \eta_2)\Theta^* + A}$$

$$e_k^* = \frac{\mu + \alpha_2 + (\gamma_1 - \alpha_2)i_k^*}{\mu + \eta_1 + \eta_2 + \alpha_2}$$

显然，$i_k^* > 0$，$k = 1,2,\cdots,\Delta$。故系统（6.9）没有无毒平衡点。

然后，把 i_k^* 代入

$$\Theta(i(t)) = \frac{1}{\langle k \rangle} \sum_k k p(k) i_k(t)$$

我们有

$$\Theta^* - \frac{1}{\langle k \rangle} \sum_k k p(k) \frac{\alpha_1 k(\eta_1 + \eta_2)\Theta^* + \eta_1(\alpha_2 + \mu)}{\alpha_1 k(\mu + \gamma_1 + \eta_1 + \eta_2)\Theta^* + A} = 0 \qquad （6.14）$$

于是，由引理 6.3 可知，Θ^* 是方程（6.14）的唯一解。因此，命题得证。

6.2.3　正向不变性

在研究平衡点的全局稳定性之前，我们必须先介绍正向不变区间，因为平衡点的全局稳定性将在这个正向不变区间内讨论。前面那些模型之所以没有专门进行详细讨论，是因为它们的正向不变区间比较简单，很容易验证，故就直接给出了，而本模型需要详细验证。

首先，为了研究方便，我们记

$$z(t) = (z_1(t), z_2(t), \cdots, z_{2\Delta}(t)) = (i(t), e(t))$$

$$\Omega = \{z(t) \mid z_j(t) \geq 0, 1 \leq j \leq 2\Delta, z_j(t) + z_{j+\Delta}(t) \leq 1, 1 \leq j \leq \Delta\} \quad (6.15)$$

下面我们将介绍一个有用的引理（详见文献[2]）。

引理 6.4　考虑定义在至少一个紧集 C 上的系统 $\dfrac{\mathrm{d}z}{\mathrm{d}t} = f(z)$。若对 C 边界上的每一点 z，$f(z)$ 与 C 相切或指向 C 内部，则称 C 是不变的。

现在，我们可以给出不变区间的相关结论了。

定理 6.4　集合 Ω 是式（6.9）的正向不变集。也就是说，$z(0) \in \Omega$，则对于所有的 $t > 0$，$z(t) \in \Omega$。

证明　由式（6.15）可知，Ω 的边界由下列 3Δ 个集合组成。其中，$1 \leq j \leq \Delta$。

$$\Gamma_j = \{z(t) \in \Omega \mid z_j(t) = 0\}$$

$$\Upsilon_j = \{z(t) \in \Omega \mid z_{j+\Delta}(t) = 0\}$$

$$\Psi_j = \{z(t) \in \Omega \mid z_j(t) + z_{j+\Delta}(t) = 1\}$$

与它们对应的外法向量分别为

$$\phi_j = (0, \cdots, 0, \overset{j}{-1}, 0, \cdots, 0)$$

$$\varphi_j = (0, \cdots, 0, \overset{j+\Delta}{-1}, 0, \cdots, 0)$$

$$\psi_j = (0, \cdots, 0, \overset{j}{1}, 0, \cdots, 0, \overset{j+\Delta}{1}, 0, \cdots, 0)$$

对于 $1 \leq j \leq \Delta$，则有

$$\left(\left. \frac{\mathrm{d}z(t)}{\mathrm{d}t} \right|_{z(t) \in \Gamma_j, \phi_j} \right) = -\alpha_1 j (1 - z_{j+\Delta}(t)) \frac{1}{\langle k \rangle} \sum_{k \neq j} k p(k) z_k(t) - \eta_1 z_{j+\Delta}(t) \leq 0$$

$$\left(\frac{\mathrm{d}z(t)}{\mathrm{d}t}\bigg|_{z(t)\in\varUpsilon_j,\varphi_j}\right)=-\mu-\gamma_1 z_j(t)-(1-z_j(t))\alpha_2\leqslant 0$$

$$\left(\frac{\mathrm{d}z(t)}{\mathrm{d}t}\bigg|_{z(t)\in\varPsi_j,\psi_j}\right)=-\gamma_2 z_j-\eta_2 z_{j+\Delta}\leqslant 0$$

因此，根据引理 6.4，命题得证。

6.2.4 有毒平衡点的全局吸引性

在研究了平衡点的存在性和不变区间后，下列定理给出了平衡点的全局吸引性的相关结论。

定理 6.5　E^* 关于 Ω 全局渐近吸引。

证明　记 $(z_1^*,z_2^*,\cdots,z_{2\Delta}^*)=(i_1^*,\cdots,i_\Delta^*,e_1^*,\cdots,e_\Delta^*)$。对于 $z(t)\in\Omega$，定义 $F:\Omega\to R$，$f:\Omega\to R$，$F(z(t))=\max_j(z_j(t)/z_j^*)$，$f(z(t))=\min_i(z_j(t)/z_j^*)$。显然，$F(z(t))$ 和 $f(z(t))$ 都是连续可微函数。

对于给定的 t_0 和充分小的 $\epsilon>0$，我们不妨假定

$$F(z(t))=z_{j_0}(t)/z_{j_0}^*,\ 1\leqslant j_0\leqslant 2\Delta,\ t\in[t_0,t_0+\epsilon]$$

则有

$$\frac{z_{j_0}(t)}{z_{j_0}^*}\geqslant\frac{z_j(t)}{z_j^*},\ j=1,2,\cdots,2\Delta$$

$$F'|_{(6.9)}=z_{j_0}'(t)/z_{j_0}^*,\ 1\leqslant j_0\leqslant 2\Delta,\ t\in[t_0,t_0+\epsilon]$$

式中，$F'|_{(6.9)}$ 的定义形式如下：

$$F'|_{(6.9)}=\lim_{h\to 0^+}\sup\frac{F(z(t+h))-F(z(t))}{h}$$

如果 $F(z(t_0))>1$，那么

$$z_{j_0}^* \frac{z'_{j_0}(t_0)}{z_{j_0}(t_0)} = \begin{cases} \dfrac{z_{j_0}^*}{z_{j_0}(t_0)}[\alpha_1 j_0(1-z_{j_0}(t_0)-z_{\Delta+j_0}(t_0))\Theta(z(t_0))+\eta_1 z_{\Delta+j_0}(t_0) \\ \qquad -(\mu+\gamma_1+\gamma_2)z_{j_0}(t_0)] < \alpha_1 j_0(1-z_{j_0}^*-z_{\Delta+j_0}^*)\Theta^* \\ \qquad +\eta_1 z_{\Delta+j_0}^* -(\mu+\gamma_1+\gamma_2)z_{j_0}^* =0, 1 \leqslant j_0 \leqslant \Delta \\ \dfrac{z_{j_0}^*}{z_{j_0}(t_0)}[\mu+\alpha_2(1-z_{j_0-\Delta}(t_0)-z_{j_0}(t_0))+\gamma_1 z_{j_0-\Delta}(t_0) \\ \qquad -(\mu+\gamma_1+\gamma_2)z_{j_0}(t_0)] < \mu+\alpha_2(1-z_{j_0-\Delta}^*-z_{j_0}^*)+\gamma_1 z_{j_0-\Delta}^* \\ \qquad -(\mu+\gamma_1+\gamma_2)z_{j_0}^* =0, \Delta+1 \leqslant j_0 \leqslant 2\Delta \end{cases}$$

由于 $z_{j_0}^* > 0$ 和 $z_{j_0}(t_0) > 0$，故 $z'_{j_0}(t_0) < 0$, $F'|_{(6.9)}(z(t_0)) < 0$。

类似地，若 $F(z(t_0))=1$，则 $F'|_{(6.9)}(z(t_0)) \leqslant 0$。同理，若 $f(z(t_0))<1$，则 $f'|_{(6.9)}(z(t_0))>0$；若 $f(z(t_0))=1$，则 $f'|_{(6.9)}(z(t_0)) \geqslant 0$。

接下来，定义

$$U(z(t)) = \max\{F(z(t))-1,0\}, \quad V(z(t)) = \min\{1-f(z(t)),0\},$$

则对于 $z(t) \in \Omega$，$U(z(t))$ 和 $V(z(t))$ 都是非负的且连续。

注意到 $U'|_{(6.9)}(z(t)) \leqslant 0$，$V'|_{(6.9)}(z(t)) \leqslant 0$。于是，记

$$H_U = \{z(t) \in \Omega \mid U'|_{(6.9)}(z(t))=0\}, \quad H_V = \{z(t) \in \Omega \mid V'|_{(6.9)}(z(t))=0\}$$

则有

$$H_U = \{z(t) \mid 0 \leqslant z_i(t) \leqslant z_i^*\}, \quad H_V = \{z(t) \mid z_i^* \leqslant z_i(t) \leqslant 1\}。$$

于是，根据拉萨尔不变集准则可得：系统（6.9）在集合 Ω 内的解都将趋近于 $H_U \bigcap H_V = \{E^*\}$。因此，命题得证。

由于平衡点的局部稳定性无法得到理论上的证明，故根据定理 6.5 和通过大量的数值实验结果，我们给出了有关平衡点全局稳定性的一个推论。

推论 6.1　E^* 关于 Ω 全局渐近稳定。

6.2.5　数值实验

下面让我们通过几个具体的实例从图形的角度来查看数值实验结果是否与前面的理论推导结果相符。

例 6.2　考虑给定参数 $\eta_1 = 0.2$，$\eta_2 = 0.4$，$\mu = 0.001$，$\alpha_1 = 0.04$，$\alpha_2 = 0.3$，$\gamma_1 = 0.5$，$\gamma_2 = 0.4$，$\Delta = 100$，$p(k) = k^{-\gamma}$，$\gamma = 2.48$ 的系统（6.9）。图 6.4 给出了在初始条件 $i(0) = (0.4, 0.4, \cdots, 0.4), e(0) = (0.3, 0.3, \cdots, 0.3)$ 下系统（6.9）的时序图。

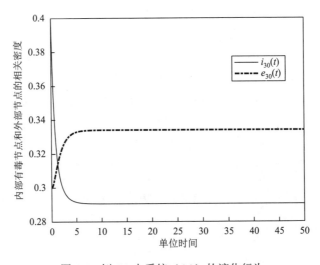

图 6.4　例 6.2 中系统（6.9）的演化行为

例 6.3　考虑给定参数 $\eta_1 = 0.01$，$\eta_2 = 0.02$，$\mu = 0.001$，$\alpha_1 = 0.1$，$\alpha_2 = 0.1$，$\gamma_2 = 0.01$，$\Delta = 100$，$p(k) = k^{-\gamma}$，$\gamma = 2.48$ 的系统（6.9）。图 6.5 给出了在初始条件 $i(0) = (0.4, 0.4, \cdots, 0.4), e(0) = (0.2, 0.2, \cdots, 0.2)$ 下系统（6.9）的时序图。

例 6.4　考虑给定参数 $\eta_1 = 0.1$，$\eta_2 = 0.2$，$\mu = 0.001$，$\alpha_1 = 0.02$，$\alpha_2 = 0.2$，$\gamma_1 = 0.4$，$\gamma_2 = 0.3$，$\Delta = 100$，$p(k) = k^{-\gamma}$，$\gamma = 2.48$ 的系统（6.9）。图 6.6 给出了在初始条件 $i(0) = (0.3, 0.3, \cdots, 0.3), e(0) = (0.2, 0.2, \cdots, 0.2)$ 下系统（6.9）的时序图。

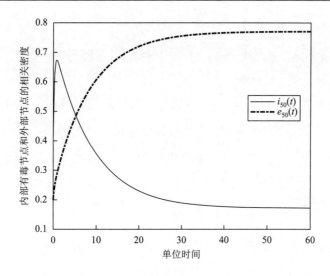

图 6.5　例 6.3 中系统（6.9）的演化行为

例 6.2～例 6.4 分别从不同的系统参数和初始条件对系统（6.9）进行了数值模拟实验，并且给出了不同密度下的时序图。我们可以很容易地看出这些图所显示的实验结果与理论推导得到的结果相符。

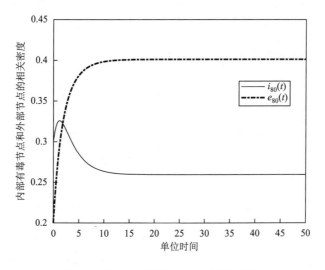

图 6.6　例 6.4 中系统（6.9）的演化行为

6.3　一类基于任意网络的 SIES 模型

前面各自从是否考虑网络结构的影响的问题上研究了外部计算机影响下的两类网络上的 SIES 模型，本节将讨论任意网络的网络特征值对计算机病毒的影响，研究一种基于节点的 SIES 模型。下面就开始介绍模型。

6.3.1　模型描述

本节考虑了一种基于任意网络的传播模型，为简洁起见，所有计算机称为节点，节点称为内部或外部，这取决于它当前是否正在访问因特网。设图

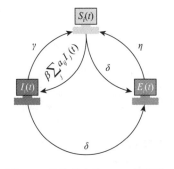

图 6.7　基于节点的 SIES 模型的状态转移图

$G = (V, E)$ 表示计算机病毒传播网络，其邻接矩阵为 $A = [a_{ij}]_{N \times N}$。令 $\lambda_{\max}$ 是矩阵 A 的最大特征值。与传统的 SIES 模型[3]一样，在 t 时刻，设 $S_i(t)$、$I_i(t)$、$E_i(t)$ 分别表示节点 i 为 S 节点、I 节点和 E 节点的事件的概率。

接下来，对状态转换做出一组统计假设（图 6.7）。

（1）单位时间每个 S 节点被 I 节点感染的概率为 $\beta \sum_{j=1}^{N} a_{ij} I_j(t)$。

（2）单位时间每个 S 节点或 I 节点以 δ 的概率变为 E 节点。

（3）单位时间每个 E 节点（I 节点）分别以概率 η（γ）变为 S 节点。

令 Δt 为非常小的时间间隔，而 $o(\Delta t)$ 为高阶非整数。基于上述假设，可以得出以下关系。

P（节点 i 在 $t + \Delta t$ 时刻为 I 状态节点|节点 i 在 t 时刻为 S 状态节点）= $o(\Delta t) + \Delta t \beta \sum_{j=1}^{N} a_{ij} I_j(t)$。

P（节点 i 在 $t + \Delta t$ 时刻为 S 状态节点|节点 i 在 t 时刻为 I 状态节点）$=$ $o(\Delta t) + \Delta t \gamma$。

P（节点 i 在 $t + \Delta t$ 时刻为 S 状态节点|节点 i 在 t 时刻为 E 状态节点）$=$ $o(\Delta t) + \Delta t \eta$。

P（节点 i 在 $t + \Delta t$ 时刻为 E 状态节点|节点 i 在 t 时刻为 S 状态节点或 I 状态节点）$= o(\Delta t) + \Delta t \delta$。

让 $\Delta t \to 0$，可以得到以下三维系统：

$$\begin{cases} \dot{S}(i) = \gamma I_i(t) + \eta E_i(t) - \beta \sum_{j=1}^{N} a_{ij} I_i(t) S_i(t) - \delta S_i(t) \\ \dot{I}(i) = \beta \sum_{j=1}^{N} a_{ij} I_i(t) S_i(t) - \gamma I_i(t) - \delta I_i(t) \\ \dot{E}(i) = \delta S_i(t) + \delta I_i(t) - \eta E_i(t) \end{cases}, \quad 1 \leqslant i \leqslant N \quad (6.16)$$

初始条件为 $0 \leqslant S_i(0), I_i(0), E_i(0) \leqslant 1$，$S_i(0) + I_i(0) + E_i(0) = 1$。

6.3.2　平衡点

注意到 $S_i(t) + I_i(t) + E_i(t) = 1$。则系统（6.16）等价于如下二维系统：

$$\begin{cases} \dot{I}(i) = \beta \sum_{j=1}^{N} a_{ij} I_i(t)(1 - I_i(t) - E_i(t)) - (\gamma + \delta) I_i(t) \\ \dot{E}(i) = \delta - (\delta + \eta) E_i(t) \end{cases}, \quad 1 \leqslant i \leqslant N \quad (6.17)$$

初始条件为 $0 \leqslant I_i(0)$，$E_i(0) \leqslant 1$，$I_i(0) + E_i(0) \leqslant 1$。

由于 $\lim\limits_{x \to +\infty} E_i(t) = \dfrac{\delta}{\eta + \delta}$，系统（6.17）可以进一步简化为极限系统[4]：

$$\dot{I}(i) = \beta \sum_{j=1}^{N} a_{ij} I_i(t)\left(\frac{\eta}{\eta + \delta} - I_i(t) \right) - (\gamma + \delta) I_i(t), \quad 1 \leqslant i \leqslant N \quad (6.18)$$

初始条件为 $(I_1(0), I_2(0), \cdots, I_N(0))^{\mathrm{T}} \in \Omega$，其中

$$\Omega = \{ I(t) = (I_1(0), I_2(0), \cdots, I_N(0))^{\mathrm{T}} : 0 \leqslant I_i(t) \leqslant 1, \ 1 \leqslant i \leqslant N \} \quad (6.19)$$

是系统（6.17）的正定不变区间。

系统（6.17）对应的矩阵向量表示为

$$\frac{\mathrm{d}I(t)}{\mathrm{d}t} = BI(t) + G(I(t)) \tag{6.20}$$

式中

$$B = \frac{\beta\eta}{\eta+\delta}A - (\gamma+\delta)I$$

$$G(I(t)) = \left(\beta I_1(t)\sum_{j=1}^{N}a_{1j}I_j(t), \beta I_2(t)\sum_{j=1}^{N}a_{2j}I_j(t), \cdots, \beta I_N(t)\sum_{j=1}^{N}a_{Nj}I_j(t) \right)^{\mathrm{T}}$$

接下来，我们将研究系统（6.20）在正定不变区间 Ω 上的全局动力学行为。

定理 6.6　系统（6.20）具有唯一的无毒平衡点 $I^0 = (0,0,\cdots,0)^{\mathrm{T}}$。

证明　上述定理很容易根据无毒平衡点的定义得到。

推论 6.2　如果 $\lambda_{\max} > \dfrac{(\gamma+\delta)(\eta+\delta)}{\beta\eta}$，系统（6.17）一直持续存在。

定理 6.7　当 $\lambda_{\max} > \dfrac{(\gamma+\delta)(\eta+\delta)}{\beta\eta}$ 时，系统（6.17）具有有毒平衡点 $I^* = (I_1^*, I_2^*, \cdots, I_N^*)^{\mathrm{T}}$。

证明　注意到系统（6.17）的任何解都是有界的，因此，根据推论 6.2 可以很容易地得到上述定理。

6.3.3　无毒平衡点的全局稳定性

6.3.2 节中通过分析得到了系统的平衡点，下面将进一步分析平衡点的稳定性。

定理 6.8　当 $\lambda_{\max} > \dfrac{(\gamma+\delta)(\eta+\delta)}{\beta\eta}$ 时，I^0 是局部渐近稳定的。反之，如果 $\lambda_{\max} < \dfrac{(\gamma+\delta)(\eta+\delta)}{\beta\eta}$，$I^0$ 不稳定。

证明　令 λ_A 和 λ_B 分别表示矩阵 A 与 B 的特征值，则系统（6.17）在 I^0 处的特征方程为

$$\det(\lambda_B I - B) = 0$$

由于 $B = \dfrac{\beta\eta}{\eta+\delta} A - (\gamma+\delta)I$，$\det(\lambda_A I - A) = 0$，于是

$$\det(\lambda_B I - B) = \det\left\{\frac{\beta\eta}{\eta+\delta}\left[(\lambda_B+\gamma+\delta)\frac{\beta\eta}{\eta+\delta}I - A\right]\right\} = 0$$

式中，$\lambda_B = \dfrac{\beta\eta}{\eta+\delta}\lambda_A - (\gamma+\delta)$。

注意到 $\lambda_A \leqslant \lambda_{\max}$ 及 $\lambda_{\max} < \dfrac{(\gamma+\delta)(\eta+\delta)}{\beta\eta}$，这意味着特征方程的所有根都是负的。因此，定理得证。

在研究无病毒平衡的全局稳定性之前，让我们引入以下引理。

引理 6.5 考虑一个 n 维自治系统

$$\frac{\mathrm{d}z(t)}{\mathrm{d}t} = Qz(t) + H(z(t)), \quad z(t) \in D \tag{6.21}$$

式中，D 为原点所在区域，$H \in C^1(D)$，$\displaystyle\lim_{z\to 0}\frac{\|H(z)\|}{\|z\|} = 0$。假设存在一个包含原点的正向不变凸集 $C \in D$，一个正数 r 和 Q^{T} 的一个实特征向量 w，那么有

（1）对于所有的 $z \in C$，有 $(z, w) \geqslant r\|z\|$。

（2）对于所有的 $z \in C$，有 $(H(z), w) \leqslant 0$。

（3）原点形成最大的正向不变集包括 $M = \{z \in C : (H(z), w) = 0\}$。

然后，我们有

（1）$s(Q^{\mathrm{T}}) < 0$ 表示原点在 C 中是全局渐近稳定的。

（2）$s(Q^{\mathrm{T}}) > 0$ 表示存在 $m > 0$，使得对于每个 $z_0 \in C - \{0\}$，系统（6.21）的解 $\eta(t, z_0)$ 满足 $\displaystyle\lim_{t\to\infty}\|\eta(t, z_0)\| \geqslant m$。

定理 6.9 如果 $\lambda_{\max} < \dfrac{(\gamma+\delta)(\eta+\delta)}{\beta\eta}$，那么 I^0 是全局渐近稳定的。

证明 令 $C = \Omega$，$z(t) = I(t)$，$Q = B$，$H = G$。由于矩阵 B^{T} 是不可约的，而且它的所有非对角项都是非负的，因此根据参考文献[5]，Q^{T} 有一个

正的特征向量 $w = (w_1, \cdots, w_N)^{\mathrm{T}}$ 对应于其特征值 $s(Q^{\mathrm{T}})$ 。让 $w = \min\{w_j : 1 \leqslant j \geqslant N\}$ ，然后 $w_0 > 0$ ，则有

$$(z, w) \geqslant w_0 \sum_{j=1}^{N} I_j(t) \geqslant w_0 \left(\sum_{j=1}^{N} I_j^2(t)\right)^{\frac{1}{2}} = w_0 \parallel z \parallel$$

$$(H(z), w) = -\beta \sum_{i=1}^{N} w_i I_i(t) \sum_{j=1}^{N} a_{ij} I_j(t) \leqslant 0$$

$(H(z), w) = 0$ 意味着 $z = 0$ ，结果和引理 6.5 一致。

6.3.4　有毒平衡点的全局吸引性

定理 6.10　如果 $\lambda_{\max} > \dfrac{(\gamma + \delta)(\eta + \delta)}{\beta \eta}$ ，那么 I^* 是全局吸引的。

证明　对于方程组（6.20）的任意解 $I(t)$ ，令

$$F(I(t)) = \max\left\{\frac{I_j(t)}{I_j^*} : 1 \leqslant j \leqslant N\right\}$$

$$f(I(t)) = \min\left\{\frac{I_j(t)}{I_j^*} : 1 \leqslant j \leqslant N\right\}$$

显然，$F(I(t))$ 、$f(I(t))$ 是连续的并且有右导数。对于 t_0 和 $\epsilon > 0$ ，我们假设

$$\frac{I_j o(t)}{I_j o^*} \geqslant \frac{I_j(t)}{I_j^*}, \quad 1 \leqslant j \leqslant N, \quad t \in [t_0, t_0 + \epsilon]$$

然后

$$F'(I(t)) = \lim_{h \to 0^+} \frac{F(I(t+h)) - F(I(t))}{h} = \frac{I'_{j0}(t)}{I_{j0}^*}, \quad t \in [t_0, t_0 + \epsilon]$$

如果 $F(I(t_0)) > 1$ ，那么有 $I_{j0}(t) > I_{j0}^*$ ，

$$I_{j0}^* \frac{I'_{j0}(t_0)}{I_{j0}(t_0)} = \frac{I_{j0}^*}{I_{j0}(t_0)} \left\{\beta \sum_{j=1}^{N} a_{j0j} I_j(t_0) \left[\frac{\eta}{\delta + \eta} - I_{j0}(t_0)\right] - (\gamma + \delta) I_{j0}(t_0)\right\}$$

$$\leqslant \frac{I_{j0}^{*}}{I_{j0}(t_0)}\beta\sum_{j=1}^{N}a_{j0j}I_j(t_0)\left(\frac{\eta}{\delta+\eta}-I_{j0}^{*}\right)-(\gamma+\delta)I_{j0}^{*}$$

$$\leqslant \frac{I_{j0}^{*}}{I_{j0}(t_0)}\beta\sum_{j=1}^{N}a_{j0j}I_j^{*}\frac{I_{j0}(t_0)}{I_{j0}^{*}}\left(\frac{\eta}{\delta+\eta}-I_{j0}^{*}\right)-(\gamma+\delta)I_{j0}^{*}$$

$$= \beta\sum_{j=1}^{N}a_{j0j}I_j^{*}\left(\frac{\eta}{\delta+\eta}-I_{j0}^{*}\right)-(\gamma+\delta)I_{j0}^{*}=0$$

由于 $I_{j0}^{*}, I_{j0}(t) > 0$ ，故 $I_{j0}'(t) < 0$ ，意味着 $F'(I(t_0)) < 0$ 。同样地，$F(I(t_0)) = 1$ 意味着 $F'(I(t_0)) \leqslant 0$ ；$f(I(t_0)) < 1$ 意味着 $f'(I(t_0)) > 0$ ，$f(I(t_0)) = 1$ 意味着 $f'(I(t_0)) \geqslant 0$ 。

令

$$U(I(t)) = \max\{F(I(t))-1, 0\}$$

$$V(I(t)) = \min\{1-f(I(t)), 0\}$$

显然，$U(I(t))$ 和 $V(I(t))$ 是连续的非负的。另外，由于 $U'(I(t)) \leqslant 0$ ，$V'(I(t)) \leqslant 0$ 。

令

$$H_U = \{I(t) \in \Omega : U'(I(t)) = 0\}$$

$$H_V = \{I(t) \in \Omega : V'(I(t)) = 0\}$$

然后有

$$H_U = \{I(t) : 0 \leqslant I_j(t) \leqslant I_j^{*}\}\bigcup\{0\}$$

$$H_V = \{I(t) : I_j^{*} \leqslant I_j(t) \leqslant 1\}\bigcup\{0\}$$

根据拉萨尔不变原理[6]，对于系统（6.20）任意从 Ω 中出发的解都经过 $H_U\bigcap H_V = \{I^{*}\}\bigcup\{0\}$ 。因此，可以得到 $I_j^{*} > 0$ 。

6.3.5　数值实验

6.3.4 节已经完成了所提模型的动力学行为分析。本节给出几个数值例子来说明主要结果。首先，令 $i(t)$ 表示 t 时刻 i 个节点在所有节点中所占的百分比，则 $i(t) = 1/N \sum_j I_j(t)$。令 $C = \dfrac{(\gamma + \delta)(\eta + \delta)}{\beta \eta}$。

（1）在 $N = 200$ 个节点的完全互联网络上考虑基于节点的 SIES 模型。于是，$\lambda_{\max} = 199$。

例 6.5 考虑系统（6.16），对不同初始条件，给定参数 $\delta = 0.01$，$\beta = 0.00004887$，$\gamma = 0.08895$，$\eta = 0.02$。于是 $C = 3037.1$。由于 $\lambda_{\max} < C$，根据定理 6.9，计算机病毒将会消亡。此结果也如图 6.8 所示。

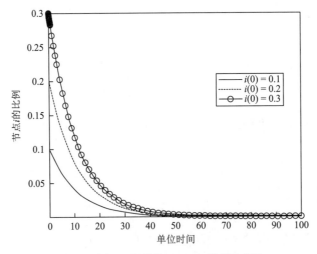

图 6.8　例 6.5 中系统（6.16）的演化行为

例 6.6 考虑系统（6.16），对不同初始条件，给定参数 $\delta = 0.1$，$\beta = 0.004$，$\gamma = 0.3$，$\eta = 0.2$。于是 $C = 150$。由于 $\lambda_{\max} > C$，根据定理 6.8，计算机病毒会持续存在。图 6.9 也显示了这一结果。

（2）在一个 Erdos-Renyi 随机网络上考虑基于节点的 SIES 模型，总节点数 $N = 200$，它是随机产生的，连接概率为 0.1。

例 6.7 考虑系统（6.16），对不同初始条件，给定参数 $\delta = 0.1$，$\beta = 0.001$，$\gamma = 0.1$，$\eta = 0.1$。于是 $C = 400$。通过数值计算可得 $\lambda_{\max} = 20.0407$，由于 $\lambda_{\max} < C$，根据定理 6.9，计算机病毒将会消亡。这一结果如图 6.10 所示。

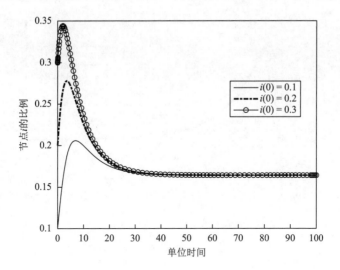

图 6.9 例 6.6 中系统（6.16）的演化行为

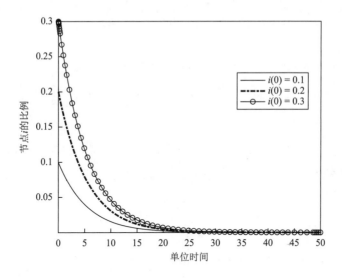

图 6.10 例 6.7 中系统（6.16）的演化行为

例 6.8 考虑系统（6.16），对不同初始条件，给定参数 $\delta = 0.1$，$\beta = 0.1$，$\gamma = 0.1$，$\eta = 0.1$。于是 $C = 4$。通过数值计算可得 $\lambda_{\max} = 20.6645$，由于 $\lambda_{\max} > C$，根据定理 6.8，计算机病毒会持续存在。这一结果如图 6.11 所示。

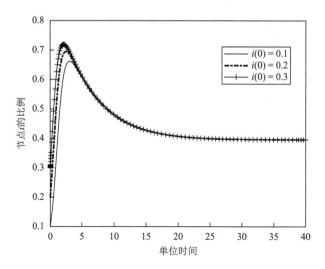

图 6.11　例 6.8 中系统（6.16）的演化行为

6.4　控 制 讨 论

基于不同的网络结构对计算机病毒传播的影响，6.1 节～6.3 节分别研究了三类 SIES 模型。下面我们分别对这三类模型进行计算机病毒传播控制的分析讨论。

首先，让我们考虑基于全互联网络的 SIES 模型，有如下结论。

定理 6.11　假设 U 是一个正常数，则 $I^* \leqslant U$ 当且仅当

$$\beta U^2 - [\beta w - (\mu + \gamma_1 + \gamma_2)]U - \eta_1 E^* \geqslant 0 \tag{6.22}$$

式中，这些符号与 6.1 节中的符号是同一符号。

证明　从引理 6.1 中我们可知

$$I^* = \frac{\beta w - (\mu + \gamma_1 + \gamma_2) + \sqrt{[\beta w - (\mu + \gamma_1 + \gamma_2)]^2 + 4\beta\eta_1 E^*}}{2\beta}$$

于是，我们有

$$\frac{\beta w - (\mu + \gamma_1 + \gamma_2) + \sqrt{[\beta w - (\mu + \gamma_1 + \gamma_2)]^2 + 4\beta\eta_1 E^*}}{2\beta} \leqslant U$$

经过计算，我们很容易得到式（6.22）。因此，命题得证。

定理 6.11 表明：感染病毒的计算机的数量是可以控制的。

接下来，让我们考虑基于复杂网络的 SIES 模型，有如下结论。

定理 6.12 $i_1^* < i_2^* < \cdots < i_\Delta^*$，$\lim\limits_{k\to\infty} i_k^* = \dfrac{\eta_1 + \eta_2}{\mu + \gamma_1 + \eta_1 + \eta_2}$。

证明 从定理 6.12 中我们可知

$$i_k^* = \frac{\alpha_1 k(\eta_1 + \eta_2)\Theta^* + \eta_1(\alpha_2 + \mu)}{\alpha_1 k(\mu + \gamma_1 + \eta_1 + \eta_2)\Theta^* + A}$$

于是，上述结论很容易得到证明，为了简洁，故此省略。

定理 6.12 表明：节点度数高的计算机比节点度数低的计算机更容易感染病毒，且它们最终趋于一个稳定值。

这与实际是相符的，像现实中的热点路由器、服务器等就很容易感染计算机病毒。因此，我们有必要加强对那些节点度数高的计算机的保护，从而达到遏制计算机病毒传播的目的。

最后，让我们考虑基于任意网络的 SIES 模型，有如下结论。

定理 6.9 和定理 6.10 表明，计算机病毒可能会消失或持续存在取决于网络最大特征值，抑制病毒传播的最好方法是调整系统参数，使得最大特征值满足 $\lambda_{\max} < \dfrac{(\gamma + \delta)(\eta + \delta)}{\beta\eta}$，具体措施如下：

（1）安装防毒软件并定期更新和运行它。

（2）用防火墙过滤和阻止可疑消息。

6.5 本 章 小 结

本章研究了三类具有外部仓室的 SIES 模型。具体结论如下所示。

6.1 节研究了一类基于全互联网络的 SIES 模型。该模型存在的唯一平衡点，即有毒平衡点是全局渐近稳定的。相应的数值实验也已给出。相关的对计算机病毒传播的控制也在 6.4 节中进行了分析讨论。

6.2 节研究了一类基于复杂网络的 SIES 模型。该模型不仅考虑了外部计算机（尤其是感染病毒的计算机）对计算机病毒传播的影响，还考虑了网络结构对计算机病毒传播的影响。从理论上和数值实验上都对该模型进行了详细分析，存在的唯一平衡点（有毒平衡点）是全局渐近吸引的。通过 6.4 节的分析讨论发现，节点度数高的计算机比节点度数低的计算机更容易感染病毒，且它们最终趋于一个稳定值。从而给出了要更加注重对节点度数高的计算机的保护的建议。

6.3 节研究了一类基于任意网络的 SIES 模型。该模型存在无毒平衡点和有毒平衡点，病毒消失或持续存在受最大特征值的影响。相应的数值实验也已给出。相关的对计算机病毒传播的控制也在 6.4 节中进行了分析讨论。

参 考 文 献

[1] Chen J，Yang X，Gan C. Propagation of computer virus under the influence of external computers：A dynamical model. Journal of Information and Computational Science，2013，10（16）：5275-5282.

[2] Yorke J A. Invariance for ordinary differential equations. Theory of Computing Systems，1967，1（4）：353-372.

[3] Gan C，Yang X，Zhu Q，et al. The spread of computer virus under the effect of external computers. Nonlinear Dynamics，2013，73（3）：1615-1620.

[4] Thieme H R. Asymptotically autonomous differential equations in the plane. The Rocky Moutain Journal of Mathematics，1994，24（1）：351-380.

[5] Lajmanovich A，Yorke J A. A deterministic model for gonorrhea in a nonhomogenous population. Mathematical Biosciences，1976，28（3/4）：221-236.

[6] Robinson R C. An Introduction to Dynamical Systems：Continuous and Discrete. New York：Prentice Hall，2004.